Die Elemente
der
analytischen und ebenen
Trigonometrie.

Zunächst für das Bedürfniß zum Offizierexamen in der Königl. Preußischen Armee bearbeitet

und

mit vielen Uebungsbeispielen versehen

von

Friedrich von Didron,
Premier-Lieutenant im Leib-Infanterie-Regiment und Lehrer an der Kadettenanstalt zu Berlin.

Mit zwei Steintafeln.

Berlin.
Gedruckt und verlegt bei G. Reimer.
1834.

Vorwort.

Seit einer Reihe von Jahren an Militairbildungs-Anstalten, und überhaupt mit dem Unterrichte junger Leute beschäftigt, ist mir immer mehr und mehr die Ueberzeugung geworden, wie nützlich es für letztere sei, Lehrbücher zu besitzen, welche einzelne Disciplinen irgend einer Wissenschaft, mit besonderer Rücksicht auf Anwendung, innerhalb der Grenzen abhandeln, die ihnen zunächst für gewisse Lebenszwecke abgesteckt worden sind.

In diesem Sinne bearbeitete ich schon früher die Grundlehren der Gleichungen, Reihen und Logarithmen (Magdeburg, bei Rubach) für die Bedürfnisse eines Elementarexamens, und offerire auch jetzt den Aspiranten hierzu eine — wie ich wünsche faßliche — Darstellung der ebenen Trigonometrie.

Niemand wird aber die Schwierigkeiten verkennen, die sich mir in Beziehung auf die Entwickelung ihrer Grundprincipien darboten. Die Ansicht, nach welcher dieser Lehrzweig ein zwischen Analysis und Geometrie schwankendes, keiner von beiden recht eigentlich angehörendes Zwitterwesen sei, darf wohl längst schon als dahin berichtigt angenommen werden, daß er ein sich rein auf Analysis basirendes, sonst aber völlig selbstständiges Erzeugniß ist, unabhängig von der Geometrie und von dem Begriffe des Dreiecks aufgefaßt, wohl aber auf Bestimmung von Raumgrößen angewendet werden kann. Wenn es nun allerdings als sachgemäß erscheint, eine selbstständige Theorie auch gleich von Hause aus als eine solche darzustellen, sie auf ihre wirkliche Basis zu erbauen, und es ihrer Geschichte zu überlassen, darzuthun auf welchem Wege sie sich zur Selbstständigkeit emporschwang, so ist doch auf der anderen Seite — und besonders im vorliegenden Falle — wohl zu berücksichtigen, ob jene höhere Ansicht nicht schon Kenntnisse oder wenigstens ein Combinationsvermögen voraussetzt, das bei den Individuen, für welche vorgetragen wird, nicht füglich anzunehmen ist. Die Entwickelung der bekannten goniometrischen unendlichen Reihen, oder die der ihnen gleichen endlichen Potenzausdrücke, welche in der Analysis unter den Namen **Sinus** und **Cosinus** eingeführt werden, schien mir daher aus dem eben angeführten Grunde nicht rathsam, und da auch die Anwendung der trigonometrischen Lehren innerhalb der **hier** festgestellten Grenzen durchaus nicht gefährdet wird, ob der Operirende das, was er braucht, nur für seinen Zweck genügend, oder im weitesten Umfange kennt, so zog ich es vor, die hier sich ergebende Lücke unausgefüllt zu lassen, und jene transcendenten Functionen unmittelbar in ihrer speziellen Erscheinung als **Quotienten** der mit derselben Einheit gemessenen Seiten eines rechtwinkligen Dreiecks darzustellen.

Hierbei konnte ich aber nicht unterlassen, in den Anmerkungen des ersten Abschnittes die endlichen analytischen Formen für Sinus und Cosinus aufzustellen, und dem Schüler als bloße Uebung in der Behandlung von Potenzen mit negativen und imaginairen Exponenten die Aufgabe vorzulegen, sich zu überzeugen, ob sie alle die Eigenschaften hätten, die er auf einem anderen Wege, als diesen Functionen eigenthümlich, kennen gelernt hat.

Ich habe aber für den Hauptgang des Unterrichtes, so weit es sich thun ließ, die rechnende Ableitungsart der trigonometrischen Sätze gewählt, indem sich mir diese — auch abgesehen von größerer Allgemeinheit, Consequenz und Kürze — durch die Erfahrung als zweckmäßiger, und mehr das Abstraktionsvermögen des Schülers ausbildend, zeigte. Zugleich habe ich indessen nicht umhin gekonnt, nebenbei die nöthigen Grundbegriffe mit Hülfe der geometrischen Figur zu verdeutlichen, um auch den mehr an empirische Anschauungen gewöhnten Anfängern zugänglich zu sein, da überdies letztere Methode höchstens nur enger begrenzte, nicht aber unrichtige Begriffe erzeugt.

Ob mir eine zweckmäßige Zusammenstellung des Nothwendigen, und eine klare Deduction gelungen sind, bleibt dem nachsichtigen Urtheile Sachverständiger überlassen.

Berlin, im Juni 1834.

Der Verfasser.

Inhaltsverzeichniß.

Einleitung.

1.

Man unterscheidet in den höheren Theilen der Mathematik überhaupt zwei Arten von Größen: beständige oder constante und veränderliche oder variable Größen. Erstere sind solche, die in einer und derselben Rechnung einen unveränderlich bestimmten Werth haben, während letztere so gedacht werden, daß sie jeden beliebigen Werth annehmen können. Man bezeichnet die beständigen Größen gewöhnlich durch die ersten Buchstaben a, b, c ...; die veränderlichen aber durch die letzten Buchstaben x, y, z ... des Alphabetes.

Unter Function versteht man eine Zusammensetzung aus veränderlichen und beständigen Größen, mittelst der bekannten arithmetischen Operationen, und wenn dieser Ausdruck irgend einem andern gleich gesetzt wird, so sagt man, dieser sei eine Function der in in dem ersteren vorkommenden Veränderlichen.

Hat man z. B.

$$\frac{ax + bx^2}{cx - d} = y,$$

so nennt man y eine Function von x, und da aus dieser Gleichung auch hervorgeht

$$-\frac{a - cy}{2b} \pm \sqrt{\left(\frac{(a - cy)^2}{4b^2} - \frac{d}{b}y\right)} = x,$$

so ist ebenfalls umgekehrt x eine Function von y. Leicht ist nun einzusehen, daß mit jeder Veränderung von x auch eine Veränderung von y statt finden muß, während bei jeder Veränderung von y sich auch x verändert, indem a, b, c, d als constante Größen denselben Werth behalten. Es ergiebt sich also der Begriff der nothwendigen Abhängigkeit der Größen, die Functionen von einander sein sollen. Denkt man sich nun irgend einen Zahlenwerth, der mit einem Winkel in solcher Beziehung steht, daß mit jeder Veränderung des Winkels auch eine bestimmte Veränderung dieses Zahlenwerthes statt findet, so begreift man leicht, daß dieser Zahlenwerth eine Function des Winkels genannt werden kann. Solche besondere Zahlenwerthe führen den Namen trigonometrische Functionen.

2.

Die analytische Trigonometrie oder die Goniometrie ist die Lehre dieser trigonometrischen Functionen. Sie findet ihre Anwendung in der Geometrie, und wird dann zur ebenen und sphärischen Trigonometrie. Die ebene Trigonometrie ist die Wissenschaft, welche aus drei in Zahlen gegebenen Stücken eines ebenen Dreiecks die übrigen durch Rechnung zu finden lehrt. Die Seiten des Dreiecks sind in Längenmaßen, die Winkel in Gradmaßen gegeben.

Gewöhnlich pflegt man in obiger Erklärung noch zu sagen, daß die gegebenen Stücke solche sein müssen, durch welche das Dreieck bestimmt ist; es scheint dieser Zusatz aber überflüssig, da ja bei jeder Aufgabe eine Untersuchung der statt findenden Bedingungen vorausgehen muß, nach welcher denn in jedem speciellen Falle anzugeben ist, ob das verlangte Resultat bestimmt oder unbestimmt gefunden wird. Wären z. B. die drei gegebenen Stücke die drei Winkel eines Dreiecks, so wird jene Untersuchung schon ermitteln, daß sich unendlich viele Resultate ergeben müssen.

3.

Man könnte hier die Frage aufwerfen, wozu es denn nöthig war, eine neue rechnende Disciplin einzuführen, da ja schon die ebene Geometrie lehrt, wie durch Construction die fehlenden Dreieckstücke zu finden sind. Hierauf diene zur Antwort, daß die unendlich größere Genauigkeit und Schärfe der Rechnung, verglichen mit der durch Construction erreichbaren die Ursache davon ist. Der gewandteste Zeichner kann z. B. beim Einsetzen der Zirkelspitze in einen Punkt einen Fehler von 0,5^{IV} (Scrupel) machen; beim Einsetzen der andern Zirkelspitze ist derselbe Fehler möglich, wo denn die abgenommene Entfernung mit der gemessenen schon um 1^{IV} differirt. Beim Auftragen dieser Linie auf eine andere Ebene kann sich dieser Fehler wieder verdoppeln, wird also zu 2^{IV} oder zu 0,2‴. Nimmt man z. B. auf einem Plane, der $\frac{1}{25000}$ der Wirklichkeit ist, und wo 0,2‴ = 50′ sind, eine Linie ab, so sieht man leicht, wie bedeutend ein solcher Constructionsfehler werden kann. Diesem Uebelstande ist nun die Rechnung weit weniger unterworfen, weil man bei ihr die Genauigkeit bis zu einer Grenze treiben kann, die für keine Praxis etwas zu wünschen übrig läßt.

4.

Nach dem Worte Trigonometrie sollte man schließen, daß ihre Anwendung nur bei der dreiseitigen Figur statt finden könnte, allein bald überzeugt man sich, daß dieselbe weit allgemeiner ist. Jede beliebige Menge von Punkten in einer Ebene läßt sich durch gerade Linien so zu Dreiecken verbinden, daß jeder Punkt selbst als Winkelspitze irgend eines Dreiecks gedacht werden kann. Die Erklärung der Trigonometrie sollte demgemäß weit umfassender sein. Man könnte sagen: sie lehrt, wenn von irgend einer Menge von Punkten in derselben Ebene die Lage einiger gegeben ist, die Lage der andern zu bestimmen; auch hier bliebe es dann der Untersuchung der gegebenen Bedingungen anheimgestellt zu ermitteln, ob die gegebenen Punkte und ihre Relationen zu einander genügen, um die Bestimmung der fehlenden zu bewerkstelligen. So springt also leicht in die Augen, daß die gefundenen Gesetze der Trigonometrie auch dazu dienen können, complicirtere Figuren (Polygone) zu berechnen, und in der Anwendung hierzu erhält die Trigonometrie den Namen: Polygonometrie.

5.

Man pflegt die Sätze der Trigonometrie auf zwiefache Weise von einander abzuleiten: entweder dadurch, daß man die in No. 1. erwähnten Winkelfunctionen selbst als geometrische Bilder (gerade Linien) einführt, und nun auf einem gemischten, theils construirenden, theils rechnenden Wege die Folge und Richtigkeit der Sätze darthut; oder dadurch, daß man jene Functionen rein als Zahlformen (ganz von aller geometrischen Ansicht abstrahirend) betrachtet, und nun mittelst bloß analytischer Operationen zu den behaupteten oder zu findenden Wahrheiten gelangt. Man kann die erstere Methode: die lineare; die letztere: die analytische Methode der Trigonometrie nennen. Die lineare Methode findet man häufiger (doch jetzt schon weniger als früher) in den Elementarbüchern angewendet, und sie dürfte auch in der That dann und für das Individuum leichter faßlich sein, bei dem der frühere arithmetische Theil der Mathematik weniger und unvollständiger durchgeführt ist; im Gegenfalle aber läßt sich mit Gewißheit annehmen, daß die analytische Behandlung (ganz abgesehen von ihrer viel größeren Allgemeinheit in Beziehung auf Formeln, und namentlich auf die Vorzeichnung derselben) in kürzerer Zeit zum Ziele führt. Wir werden in nachfolgenden Elementen den Schüler mit beiden Methoden bekannt zu machen suchen, obgleich die analytische stets vorwalten soll.

6.

Wenn in einem Dreiecke Seiten und Winkel in ein Verhältniß zu einander ständen, d. h. wenn man aus den Seiten auf die Winkel, und umgekehrt, schließen könnte, so würde die Trigonometrie um vieles leichter und einfacher sein. Allein Linien und Winkel sind völlig heterogene Dinge, und daher niemals mit einander vergleichbar. Dies veranlaßte schon die Mathematiker der frühesten Zeiten (Griechen und vorzüglich Araber), an Stelle der Winkel etwas anderes einzuführen, was auf das bestimmteste von ihnen abhängig ist, und in ein Verhältniß mit den Seiten gebracht werden kann. In Bezug auf seine Abhängigkeit vom Winkel nannte man es Function desselben, und weil es durch gerade Linien repräsentirt war, auch trigonometrische Hülfslinien. Historisch steht fest, daß man zuerst diese trigonometrischen Functionen als Linien definirte, und unter dieser Gestalt ihre Relationen zu einander und ihre sonstigen Eigenschaften kennen lernte. Als späterhin die Analysis begründet und ausgebildet wurde, war es ihr Geschäft, allgemeine Zahlformen aufzufinden, welche alle die Eigenschaften besäßen, die von den trigonometrischen Linien bekannt geworden waren. Man stand also auf den Schultern der linearen Trigonometrie, und konnte von diesem Standtpunkte aus, mit den mannigfachen Hülfsmitteln des Calcüls versehen, leicht die Begriffe verallgemeinern und den vermehrten Anforderungen genügend machen. Aus diesem allen ergab sich aber, daß die trigonometrischen Linien nur specielle Erscheinungen der analytischen Functionen sind.

Erster Abschnitt.

Allgemeine trigonometrische Begriffe; Entwickelung und Relationen der Grundformeln.

§. 1. Willkührlicher Satz.

Unter α soll ein für allemal ein spitzer Winkel verstanden sein. Mit π bezeichnen wir den gestreckten Winkel von 180°, oder die halbe Peripherie für den Radius = 1. Hieraus folgt, daß ein stumpfer aber concaver Winkel durch $\pi - \alpha$, oder durch $\frac{1}{2}\pi + \alpha$; ein convexer Winkel endlich durch $\pi + \alpha$, $\frac{3}{2}\pi - \alpha$, $\frac{3}{2}\pi + \alpha$, $2\pi - \alpha$ ausgedrückt ist.

§. 2. Erklärung.

Alle rechtwinkligen Dreiecke, in welchen der Winkel α enthalten ist, sind nach geometrischen Sätzen ähnlich, lassen sich demnach in die Lage der Figur 1. bringen, und es folgt nun aus der Gleichheit der Verhältnisse

$$AB : BC = AD : DE = AF : FG \text{ u. s. w.}$$

die Gleichheit der Quotienten

$$\frac{BC}{AB} = \frac{DE}{AD} = \frac{FG}{AF},$$

so wie aus der Gleichheit der Verhältnisse

$$AB : AC = AD : AE = AF : AG$$

die der Quotienten

$$\frac{AC}{AB}=\frac{AE}{AD}=\frac{AG}{AF},$$

nachdem man vorher sämmtliche Seiten mit einer und derselben Einheit gemessen, und durch Zahlen ausgedrückt hat.

Für einen gegebenen Winkel α ist also stets ein solcher Quotient mitgegeben, der Winkel selbst mag sich vorfinden, wo er will, und umgekehrt: für einen solchen gegebebenen Quotienten ist stets ein bestimmter Winkel zu finden. Den ersteren Quotienten, also den Zahlenwerth der Gegencathete, dividirt durch den Zahlenwerth der Hypothenuse nennt man den Sinus des Winkels α; den letzteren Quotienten aber, also den Zahlenwerth der anliegenden Cathete, dividirt durch den Zahlenwerth der Hypothenuse: den Cosinus des Winkels α; beide Quotienten bezüglich durch

$$\sin\alpha \text{ und } \cos\alpha$$

bezeichnend.

§. 3. Zusätze.

I. Aus dieser Erklärung ergiebt sich einfach, daß, weil in allen den Quotienten die Nenner größer als die Zähler sind, die Sinus und Cosinus eines Winkels α nur den Werth eines echten Bruches haben können, oder daß sie stets kleiner als 1 sein müssen.

II. Da es ganz beliebig ist, nach welcher Einheit man beide Seiten mißt, so kann man auch die Hypothenuse selbst als die Einheit betrachten, und dann in den beiden Catheten unmittelbar die Repräsentanten der eben definirten Functionen erblicken. Hierbei ist aber wohl zu bemerken, daß auch selbst in diesem Falle es nicht die Linien sind, denen der Name Sinus und Cosinus beigelegt wird, sondern daß sie nur die Träger von Zahlenwerthen sind, die in ihrer Abhängigkeit vom Winkel α als Functionen desselben bezeichnet werden.

III. In welcher Art die Abhängigkeit der eben kennen gelernten Functionen vom Winkel statt findet, ergiebt sich, wenn man sich bei unveränderter Hypothenuse denselben fallend und wachsend denkt. Je größer α ist (versteht sich, ihn als spitzen Winkel stets innerhalb seiner Grenzen von 0 bis 1 gedacht), desto größer ist seine Gegencathete, desto größer also der Zähler des Sinusquotienten, und mithin desto größer der Sinus selbst. Für den Cosinus kehrt sich dies Verhältniß gerade um, und man findet, daß dieser sein Minimum erreicht hat, wenn der Winkel bis zum Maximo angewachsen ist. Denkt man sich einen solchen Winkel α an und für sich, ohne Beziehung zu irgend einem andern dastehend, so fällt in die Augen, daß beide Functionen desselben positive Zahlen sein müssen, d. h. solche Zahlen, die als Resultat der Operation $a - b$ angesehen werden können, wenn man nur $a > b$ angenommen hat.

IV. Vergleicht man die Quotienten Sinus und Cosinus α in ihrer Beziehung zum Complementswinkel von α, nämlich zum Winkel β, so ersieht man leicht, daß

$$\sin\alpha = \cos\beta$$

$$\text{und} \quad \cos\alpha = \sin\beta \quad \text{ist.}$$

§. 4. Lehrsatz.

Es ist allemal das Quadrat des Sinus von α plus dem Quadrate seines Cosinus, der Eins gleich, oder die Gleichung:

$$\sin\alpha^2 + \cos\alpha^2 = 1\,^{*)}$$

ist eine identische.

Beweis. Nach dem Pythagoräischen Lehrsatze ist in Fig. 2., wenn $\angle C =$ einem Rechten:

$$AC^2 + BC^2 = AB^2.$$

---

*) Eigentlich müßte man $(\sin\alpha)^2$ und $(\cos\alpha)^2$ schreiben, und wir wollen daher annehmen, daß diese Formen gemeint sind, wenn man die oben stehenden findet. Hin und wieder findet man auch $\sin^2\alpha$, $\cos^2\alpha$ geschrieben, allein diese Schreibart ist durchaus nicht motivirt. Sie stammt von den französischen Mathematikern her.

Hieraus folgt

$$\frac{AC^2}{AB^2} + \frac{BC^2}{AB^2} = 1$$

oder

$$\sin\alpha^2 + \cos\alpha^2 = 1.$$

§. 5. Zusatz.

Aus dem Lehrsatze des vorigen Paragraphen ergiebt sich unmittelbar die Lösung der Aufgabe, den Sinus von α durch den Cosinus, und umgekehrt, den Cosinus von α durch den Sinus auszudrücken. Man hat dann:

$$\sin\alpha = \pm\sqrt{(1-\cos\alpha^2)} \text{ und}$$
$$\cos\alpha = \pm\sqrt{(1-\sin\alpha^2)}.$$

Ob in diesen Ausdrücken der positive oder der negative Werth der Wurzel genommen werden muß, entscheidet sich in jedem besondern Falle, so viel aber steht fest, daß für ein und dasselbe α nur ein und derselbe Werth genommen werden darf, d. h. beide Functionen sind positiv, oder beide negativ, nicht aber eine positiv und die andere negativ.

Anmerkung. Die einfache Definition der beiden Functionen Sinus und Cosinus eines Winkels α als Quotienten der Gegencathete und anliegenden Cathete, dividirt durch die Hypothenuse, ist in neuerer Zeit allgemein angenommen worden, und alle, vielleicht im ersten Augenblick anders klingende Erklärungen, kommen dennoch auf diese zurück. Wenn z. B. Professor von Münchow unter dem Cosinus eines Winkels die Zahl versteht, mit welcher die Länge BA des Schenkels eines spitzen Winkels ABC multiplizirt werden muß, um ihre senkrechte Projection BC auf dem andern Schenkel zu erhalten, so sieht man augenblicklich ein, daß diese Zahl eben nur der von uns als Cosinus ABC definirte Quotient sein kann, denn es ist nur

$$AB \cdot \frac{BC}{AB} = BC.$$

Solche Erklärungen sind demnach nur in den Worten, nicht aber in der Sache verschieden, und nöthigen späterhin oft zu größeren Weitläuftigkeiten. So ist denn auch nach demselben Verfasser, der Sinus eines Winkels α die Zahl, deren Quadrat mit dem Quadrate des Cosinus (Projectionsfactors) addirt, die Eins erzeugt. Hiernach erfährt man allerdings schon bei der Definition, daß der Sinus eines Winkels $= 0$ sein muß, wenn der Cosinus desselben $= 1$ ist, und umgekehrt.

Um die Schüler in der Behandlung complizirter Potenzformen zu üben, kann man ihnen folgende Aufgabe stellen: Nehmen wir an, daß der Quotient

$$\frac{e^{\alpha\sqrt{-1}} - e^{-\alpha\sqrt{-1}}}{2\sqrt{-1}}$$

dem Sinus von α, und der Quotient

$$\frac{e^{\alpha\sqrt{-1}} + e^{-\alpha\sqrt{-1}}}{2}$$

dem Cosinus von α gleich sei, werden beide Formen auch der Eigenschaft des Sinus und Cosinus eines Winkels genügen, nämlich der, daß ihre Quadrate addirt $= 1$ sind?

§. 6. Lehrsatz.

Ist außer α auch noch β als spitzer Winkel angenommen, so ist stets:

I. $\sin(\alpha + \beta) = \sin\alpha . \cos\beta + \cos\alpha . \sin\beta$ und
II. $\cos(\alpha + \beta) = \cos\alpha . \cos\beta - \sin\alpha . \sin\beta$.

Beweis für I. Denkt man sich zwei spitze Winkel ABC $= \alpha$ und CBD $= \beta$ wie in Fig. 3. zusammengesetzt, so daß $\angle$ABD $= \alpha + \beta$ ist, und zieht nun von A aus die Senkrechte AF auf BD, so ist der Quotient $\frac{AF}{AB} = \sin(\alpha + \beta)$. Zieht man von A aus AC senkrecht auf BC, von C aus CD senkrecht auf BD, und durch C die CE parallel mit BD, welche demnach senkrecht auf AF steht, so hat man $\triangle$AEC $\sim \triangle$GBF und also $\angle$EAC $= \angle$GBF $= \beta$. Nun ist

$$AF = AE + EF,$$

aber

$$EF = CD,$$

also

$$AF = AE + CD.$$

Bestimmt man nun die Stücke AE und CD, so erhält man

$$\frac{AE}{AC} = \cos\beta, \text{ also } AE = AC \,.\, \cos\beta.$$

Es ist aber analog dem vorigen

$$\frac{AC}{AB} = \sin\alpha, \text{ also } AC = AB \,.\, \sin\alpha$$

und

$$AE = AB \,.\, \sin\alpha \,.\, \cos\beta.$$

Ferner ist

$$\frac{CD}{BC} = \sin\beta, \text{ also } CD = BC \,.\, \sin\beta,$$

aber

$$\frac{BC}{AB} = \cos\alpha, \text{ also } BC = AB \,.\, \cos\alpha$$

und

$$CD = AB \cos\alpha \,.\, \sin\beta,$$

demnach

$$AE + CD = AF = AB \,.\, \sin\alpha \,.\, \cos\beta + AB \,.\, \cos\alpha \,.\, \sin\beta,$$

endlich

$$\frac{AF}{AB} = \sin(\alpha + \beta) = \sin\alpha \,.\, \cos\beta + \cos\alpha \,.\, \sin\beta,$$

w. z. b. w.

Beweis für II. Es ist

$$\frac{BF}{AB} = \cos(\alpha + \beta),$$

aber

$$BF = BD - FD = BD - CE.$$

Leicht sieht man jetzt, daß

$$BD = BC \,.\, \cos\beta,$$

daß

$$BC = AB \,.\, \cos\alpha,$$

und daß demnach

$$BD = AB \,.\, \cos\alpha \,.\, \cos\beta \text{ ist.}$$

Ebenso ist

$$CE = AC \,.\, \sin\beta,$$

aber

$$AC = AB \,.\, \sin\alpha,$$

also

$$CE = AB . \sin\alpha . \sin\beta$$

und

$$BD - CE = BF = AB . \cos\alpha . \cos\beta - AB . \sin\alpha . \sin\beta,$$

endlich

$$\frac{BF}{AB} = \cos(\alpha + \beta) = \cos\alpha . \cos\beta - \sin\alpha . \sin\beta,$$

w. z. b. w.

Anmerkung. Wir mußten bei diesem Lehrsatze die beschränkende Bedingung voraußschicken, daß unter α und β spitze Winkel gedacht seien, eben weil wir in diesen Elementen für Sinus und Cosinus keine anderen Definitionen geben konnten, als es geschehen ist, d. h. keine anderen Definitionen als solche, die nur diese Functionen von Hause aus für spitze Winkel zulassen. Wollte man sich der Potenzausdrücke

$$\sin\alpha = \frac{e^{\alpha\sqrt{-1}} - e^{-\alpha\sqrt{-1}}}{2\sqrt{-1}} \text{ und } \cos\alpha = \frac{e^{\alpha\sqrt{-1}} + e^{-\alpha\sqrt{-1}}}{2}$$

bedienen, die als trigonometrische Functionen, von allen geometrischen Ansichten abstrahirend, aufgestellt werden, so bedurfte es jener Beschränkung nicht, indem diese Formen für jeden Werth von α *), reell oder imaginär, eine Bedeutung haben.

Dem Schüler kann hier die Aufgabe gestellt werden, ob diese Ausdrücke auch der eben bewiesenen Behauptung entsprechen, vorausgesetzt, daß auch

$$\sin\beta = \frac{e^{\beta\sqrt{-1}} - e^{-\beta\sqrt{-1}}}{2\sqrt{-1}} \text{ und } \cos\beta = \frac{e^{\beta\sqrt{-1}} + e^{-\beta\sqrt{-1}}}{2}$$

ist. Er wird dann z. B. für den ersten Fall des vorigen Lehrsatzes auf die Form

$$\frac{e^{(\alpha+\beta)\sqrt{-1}} - e^{-(\alpha+\beta)\sqrt{-1}}}{2\sqrt{-1}}$$

kommen, und muß natürlich aus ihr folgern, daß sie

$$= \sin(\alpha + \beta)$$

ist.

*) Es werde hier noch einmal in Erinnerung gebracht, daß bei diesen Gleichungen das α links den Winkel, das α rechts aber die Zahl der Länge des zwischen den Schenkeln des Winkels α beschriebenen Bogens bedeutet.

§. 7. Lehrsatz.

Sind α und β spitze Winkel, und ist $\alpha > \beta$, so ergiebt sich stets

III. $\sin(\alpha - \beta) = \sin\alpha . \cos\beta - \cos\alpha . \sin\beta$ und

IV. $\cos(\alpha - \beta) = \cos\alpha . \cos\beta + \sin\alpha . \sin\beta$.

Beweis für III. Denkt man sich vom Winkel ABF $= \alpha$, wie in Fig. 4. den Winkel CBF $= \beta$ hinweggenommen, so daß also $\angle ABC = \alpha - \beta$ ist; zieht man ferner von A aus AF senkrecht auf BF, AC senkrecht auf BC; von F aus FD senkrecht, und FE parallel BC (letztere bis zum Schnitt mit der Verlängerten AC), so hat man

$$\frac{AC}{AB} = \sin(\alpha - \beta).$$

Nun ist aber

$$AC = AE - CE = AE - DF,$$

ferner

$$\frac{AE}{AF} = \cos\beta, \text{ weil ebenfalls } \angle EAF = \angle CBF = \beta,$$

also

$$AE = AF . \cos\beta,$$

aber

$$AF = AB . \sin\alpha$$

und daher

$$AE = AB . \sin\alpha . \cos\beta.$$

Ebenso ist

$$DF = BF . \sin\beta,$$

aber

$$BF = AB . \cos\alpha,$$

also

$$DF = AB . \cos\alpha . \sin\beta.$$

und daher

$$\frac{AE - DF}{AB} = \frac{AC}{AB} = \sin(\alpha - \beta) = \sin\alpha . \cos\beta - \cos\alpha . \sin\beta,$$

w. z. b. w.

Beweis für IV. Es ist

$$\frac{BC}{AB} = \cos(\alpha - \beta),$$

ferner ist $BC = BD + DC = BD + EF,$

aber

$$BD = BF \cdot \cos\beta$$

und

$$BF = AB \cdot \cos\alpha,$$

also

$$BD = AB \cdot \cos\alpha \cdot \cos\beta.$$

Ebenso ist

$$EF = AF \cdot \sin\beta$$

und

$$AF = AB \cdot \sin\alpha,$$

also

$$EF = AB \cdot \sin\alpha \cdot \sin\beta$$

und daher

$$\frac{BD + EF}{AB} = \frac{BC}{AB} = \cos(\alpha - \beta) = \cos\alpha \cdot \cos\beta + \sin\alpha \cdot \sin\beta,$$

w. z. b. w.

§. 8. Zusatz.

Man kann die Richtigkeit der beiden Formeln III. und IV. auch unmittelbar und ohne Figur, durch bloß analytische Entwickelung aus den Formeln I. und II. auf folgende Art ableiten:

Setzt man $\alpha = p - \beta$, so gehen I. und II. über in

$$\text{V.} \quad \sin p = \sin(p - \beta)\cos\beta + \cos(p - \beta)\sin\beta,$$

$$\text{VI.} \quad \cos p = \cos(p - \beta)\cos\beta - \sin(p - \beta)\sin\beta.$$

In diesen beiden Gleichungen sind $\sin(p - \beta)$ und $\cos(p - \beta)$ die Unbekannten, und setzt man der Bequemlichkeit wegen

$$\sin(p - \beta) = x \text{ und}$$

$$\cos(p - \beta) = y,$$

so ergiebt sich

$$\sin p = x \cdot \cos\beta + y \cdot \sin\beta,$$

$$\cos p = y \cdot \cos\beta - x \cdot \sin\beta.$$

Aus der obersten Gleichung ist

$$x = \frac{\sin p - y \cdot \sin\beta}{\cos\beta},$$

aus der untersten

$$x = \frac{y \cdot \cos\beta - \cos p}{\sin\beta}.$$

Setzt man beide Werthe für x einander gleich, so ist

$$\frac{\sin p - y \cdot \sin\beta}{\cos\beta} = \frac{y \cdot \cos\beta - \cos p}{\sin\beta}.$$

Hieraus folgt

$$\sin p \cdot \sin\beta - y \cdot \sin\beta^2 = y \cdot \cos\beta^2 - \cos p \cdot \cos\beta \text{ oder}$$
$$\sin p \cdot \sin\beta + \cos p \cdot \cos\beta = y\,(\cos\beta^2 + \sin\beta^2).$$

Da aber (nach §. 4.) $\cos\beta^2 + \sin\beta^2 = 1$ ist, so hat man

$$\sin p \cdot \sin\beta + \cos p \cdot \cos\beta = y,$$

oder, für y seinen Werth gesetzt,

$$\sin p \cdot \sin\beta + \cos p \cdot \cos\beta = \cos(p - \beta).$$

Da nun p jeden Werth haben kann, so kann es auch $= \alpha$, sein, und man erhält auf diese Weise die Formel IV.

$$\sin\alpha \cdot \sin\beta + \cos\alpha \cdot \cos\beta = \cos(\alpha - \beta).$$

Leicht ist nun einzusehen, daß man auf demselben Wege auf die Formel III. kommen wird, wenn man aus obigen beiden Gleichungen die Werthe von y entwickelt, und diese nun einander gleich stellt.

Anmerkung. Auch hier möge der Schüler den Versuch anstellen, ob die Formen

$$\sin\alpha = \frac{e^{\alpha\sqrt{-1}} - e^{-\alpha\sqrt{-1}}}{2\sqrt{-1}}, \quad \cos\alpha = \frac{e^{\alpha\sqrt{-1}} + e^{-\alpha\sqrt{-1}}}{2},$$

$$\sin\beta = \frac{e^{\beta\sqrt{-1}} - e^{-\beta\sqrt{-1}}}{2\sqrt{-1}}, \quad \cos\beta = \frac{e^{\beta\sqrt{-1}} + e^{-\beta\sqrt{-1}}}{2}$$

der aufs neue kennen gelernten Eigenschaften der Sinus und Cosinus zweier spitzen Winkel Genüge leisten. Er wird bei Substitution dieser Werthe in Formel III. z. B. auf das Resultat

$$\frac{e^{(\alpha-\beta)\sqrt{-1}} - e^{-(\alpha-\beta)\sqrt{-1}}}{2\sqrt{-1}}$$

kommen, und muß auch jetzt schließen, daß diese Form

$$= \sin(\alpha - \beta)$$

sei.

Die in den §§. 4., 6. und 7. gegebenen Lehrsätze, bilden das Fundament der ganzen analytischen Trigonometrie, daher es dem Lernenden nicht eifrig genug angerathen werden kann, mit ihnen sich ja vollkommen vertraut zu machen.

§. 9. Aufgabe.

Aus dem gegebenen Sinus und Cosinus eines Winkels (oder Bogens) α, den Sinus und Cosinus des doppelten Winkels (oder Bogens) 2α zu berechnen.

Auflösung. Man setze in §. 6. $\beta = \alpha$, so geht über:

$$\text{I. in } \sin 2\alpha = \sin\alpha . \cos\alpha + \sin . \alpha \cos\alpha$$

oder

$$\sin 2\alpha = 2 \sin\alpha . \cos\alpha$$

und

$$\text{II. in } \cos 2\alpha = \cos\alpha . \cos\alpha - \sin\alpha . \sin\alpha$$

oder

$$\cos 2\alpha = \cos\alpha^2 - \sin\alpha^2 .$$

§. 10. Zusatz.

Setzt man auch in §. 7. $\beta = \alpha$, so geht über

$$\text{III. in } \sin 0 = \sin\alpha . \cos\alpha - \cos\alpha . \sin\alpha$$

oder

$$\sin 0 = 0$$

und

$$\text{IV. in } \cos 0 = \cos\alpha . \cos\alpha + \sin\alpha . \sin\alpha$$

oder

$$\cos 0 = \cos\alpha^2 + \sin\alpha^2 ,$$

also

$$\cos 0 = 1 .$$

§. 11. Aufgabe.

Aus dem gegebenen Cosinus eines Winkels 2α *), den Sinus und Cosinus des halben Winkels α zu berechnen.

Auflösung. Nach §. 9. erhielt man

$$\cos 2\alpha = \cos\alpha^2 - \sin\alpha^2 ,$$

und da der Werth einer Zahl ungeändert bleibt, wenn man zu ihr etwas hinzuthut, und dasselbe wieder hinwegnimmt, so merke man sich die Regel: um den Sinus des halben Winkels α zu finden, addire man rechts $\sin\alpha^2$ und subtra=

*) Ein für allemal Winkel und Bogen für gleichbedeutend genommen.

hire ihn auch; um den Cosinus des halben Winkels α zu finden, addire man rechts $\cos\alpha^2$ und subtrahire ihn ebenfalls. Nach dieser Regel erhält man also zuerst:

$$\cos 2\alpha = \cos\alpha^2 + \sin\alpha^2 - 2\sin\alpha^2,$$
$$\cos 2\alpha = 1 - 2\sin\alpha^2,$$
$$2\sin\alpha^2 = 1 - \cos 2\alpha,$$
$$\sin\alpha^2 = \frac{1-\cos 2\alpha}{2},$$
$$A. \qquad \sin\alpha = \sqrt{\left(\frac{1-\cos 2\alpha}{2}\right)}.$$

Für den zweiten Fall ergiebt sich:

$$\cos 2\alpha = 2\cos\alpha^2 - \sin\alpha^2 - \cos\alpha^2,$$
$$\cos 2\alpha = 2\cos\alpha^2 - (\sin\alpha^2 + \cos\alpha^2),$$
$$\cos 2\alpha = 2\cos\alpha^2 - 1,$$
$$1 + \cos 2\alpha = 2\cos\alpha^2,$$
$$\cos\alpha^2 = \frac{1+\cos 2\alpha}{2},$$
$$B. \qquad \cos\alpha = \sqrt{\left(\frac{1+\cos 2\alpha}{2}\right)}.$$

Formeln, die man leicht dem Gedächtnisse einprägt.

§. 12. Aufgabe.

Aus dem gegebenen Sinus eines Winkels 2α, den Sinus und Cosinus des halben Winkels α zu berechnen.

Auflösung. Man addire die Formeln *A.* und *B.* des vorigen §., so ist

$$\sin\alpha + \cos\alpha = \sqrt{\left(\frac{1-\cos 2\alpha}{2}\right)} + \sqrt{\left(\frac{1+\cos 2\alpha}{2}\right)}.$$

Quadrirt man jetzt beide Seiten, so ergiebt sich

$$(\sin\alpha + \cos\alpha)^2 = \frac{1-\cos 2\alpha}{2} + 2\sqrt{\left(\frac{1-\cos 2\alpha^2}{4}\right)} + \frac{1+\cos 2\alpha}{2}$$

oder

$$(\sin\alpha + \cos\alpha)^2 = 1 + \sqrt{(1-\cos 2\alpha^2)}.$$

Setzt man nun (nach §. 4.)

$$\cos 2\alpha^2 = 1 - \sin 2\alpha^2,$$

so ist

$$(\sin\alpha+\cos\alpha)^2 = 1+\sin 2\alpha,$$

also

$$C. \quad \sin\alpha+\cos\alpha = \sqrt{(1+\sin 2\alpha)}.$$

Nun subtrahire man $B.$ von $A.$, und es ergiebt sich

$$\sin\alpha - \cos\alpha = \sqrt{\left(\frac{1-\cos 2\alpha}{2}\right)} - \sqrt{\left(\frac{1+\cos 2\alpha}{2}\right)}$$

und

$$(\sin\alpha-\cos\alpha)^2 = \frac{1-\cos 2\alpha}{2} - 2\sqrt{\left(\frac{1-\cos 2\alpha^2}{4}\right)} + \frac{1+\cos 2\alpha}{2}$$

oder

$$(\sin\alpha-\cos\alpha)^2 = 1-\sqrt{(1-\cos 2\alpha^2)}.$$

Nach derselben Substitution erhält man endlich

$$D. \quad \sin\alpha-\cos\alpha = \sqrt{(1-\sin 2\alpha)}.$$

Addirt man jetzt $C.$ und $D.$, so ist

$$2\sin\alpha = \sqrt{(1+\sin 2\alpha)} + \sqrt{(1-\sin 2\alpha)}$$

oder

$$\sin\alpha = \tfrac{1}{2}\sqrt{(1+\sin 2\alpha)} + \tfrac{1}{2}\sqrt{(1-\sin 2\alpha)}.$$

Subtrahirt man aber $D.$ von $C.$, so ergiebt sich

$$2\cos\alpha = \sqrt{(1+\sin 2\alpha)} - \sqrt{(1-\sin 2\alpha)}$$

und

$$\cos\alpha = \tfrac{1}{2}\sqrt{(1+\sin 2\alpha)} - \tfrac{1}{2}\sqrt{(1-\sin 2\alpha)}.$$

§. 13. Erklärung.

Folgende Quotienten und Differenzen:

$$\frac{\sin\alpha}{\cos\alpha},\ \frac{\cos\alpha}{\sin\alpha},\ \frac{1}{\cos\alpha},\ \frac{1}{\sin\alpha},\ 1-\cos\alpha,\ 1-\sin\alpha$$

sollen von nun an mit den Namen: Tangente, Cotangente, Sekante, Cosekante, Sinusversus und Cosinusversus von α belegt, und durch

$\tan g\,\alpha$, $\cot\alpha$, $\sec\alpha$, $\operatorname{cosec}\alpha$, $\operatorname{sinvers}\alpha$, $\operatorname{cosinvers}\alpha$

bezeichnet werden.

§. 14. Zusatz.

Eine nähere Betrachtung dieser Quotienten zeigt uns, daß die Cotangente der reciproke Werth der Tangente, die Sekante der reciproke Werth des Cosinus, und die Cosekante der reciproke Werth des Sinus ist, so daß demnach diese jetzt eingeführten Winkelfunctionen allemal als mit dem Sinus und Cosinus mitgegeben erscheinen. Sie lassen sich nach folgender Betrachtung ebenfalls aus dem rechtwinkligen Dreiecke unmittelbar herleiten: In Fig. 2. ist

$$\frac{AC}{AB} = \sin\alpha, \quad \frac{BC}{AB} = \cos\alpha, \quad \text{also} \quad \frac{\frac{AC}{AB}}{\frac{BC}{AB}} = \frac{AC}{BC} = \operatorname{tang}\alpha,$$

d. h. die Gegencathete, dividirt durch die anliegende, giebt die trigonometrische*) Tangente des spitzen Winkels α, und da die Cotangente nach der Definition, der reciproke Werth der Tangente ist, so hat man gleich: die anliegende Cathete, dividirt durch die Gegencathete, giebt die Cotangente des spitzen Winkels α. Ferner ist

$$\frac{AB}{BC} = \frac{AB:AB}{\frac{BC}{AB}} = \frac{1}{\frac{BC}{AB}} = \frac{1}{\cos\alpha} = \sec\alpha$$

und

$$\frac{AB}{AC} = \frac{AB:AB}{\frac{AC}{AB}} = \frac{1}{\frac{AC}{AB}} = \frac{1}{\sin\alpha} = \operatorname{cosec}\alpha,$$

woraus erhellt: die Hypothenuse, dividirt durch die anliegende Cathete, giebt die Sekante; die Hypothenuse aber, dividirt durch die Gegencathete, giebt die Cosekante des Winkels α.

§. 15. Lineare Darstellung der trigonometrischen Functionen.

Ist die Lage eines Punktes P, Fig. 5., in irgend einer Ebene zu bestimmen, so nimmt man in der Regel zwei sich

---

*) Nach geometrischen Begriffen sind Tangente und Sekante unbegrenzte Gerade, von welchen die erstere einen Kreis berührt, die letztere ihn schneidet. In der Trigonometrie und in der höhern Geometrie sind diese Linien aber bestimmte, begrenzte Gerade, daher man wohl, um Mißverständnisse zu vermeiden, vor beide das Wort „trigonometrisch" setzt.

recht- oder schiefwinklig (für unsern jetzigen Gebrauch rechtwinklig) durchschneidende gerade Linien an, die aber nun als unverrückt fest liegend gedacht werden, und nennt diese: Coordinatenaxen. Sie seien Ax und Ay. Wollte man nun z. B. die Lage des Punktes P allgemein in der Ebene der Coordinatenaxen bestimmen, so ist dies vollkommen geschehen, wenn seine senkrechten Entfernungen von beiden Axen, d. h. wenn die Stücke AN und AQ bekannt sind. Analog diesem ist die Lage der Punkte P′, P″, P‴ bestimmt, wenn man bezüglich die Stücke AQ′, AN′, AQ″, AN″, AQ‴, AN‴ kennt. Man wird aber leicht einsehen, daß durch die absolute Größe dieser Stücke allein, die Lage des Punktes noch nicht ganz genau bekannt ist, indem bei denselben Stücken ein Punkt dennoch eine vierfach verschiedene Lage, oberhalb und unterhalb von Ax, rechts und links von Ay haben kann. Wird aber außer der absoluten Größe von AQ und AN noch bestimmt, daß man von A ausgehend, alle links auf Ax liegenden Stücke AQ, AQ‴ etc. positiv, alle rechts von A auf dieser Axe liegenden Stücke AQ′, AQ″ etc. negativ; alle oberhalb von Ax auf der Axe Ay liegenden Stücke AN, AN′ etc. positiv, und endlich alle unterhalb Ax auf Ay liegenden Stücke AN″, AN‴ negativ annehmen, und durch +AQ, +AN, —AQ′, —AN″ etc. bezeichnen will, so ist die Lage dieses Punktes P vollkommen genau bestimmt, wenn seine Axenentfernungen nun auch mit jener Bezeichnung gegeben sind. Die Linien ±AQ, ±AN nennt man: die Coordinaten des Punktes P, und zwar alle AQ Abscissen und alle AN Ordinaten, so wie Ax die Abscissenaxe, Ay die Ordinatenaxe und A der Anfangspunkt der Abscissen heißt. Die vier Winkelräume nennt man, wie es Fig. 5. zeigt: 1ste, 2te, dritte, 4te Region. Denkt man sich um den Durchschnittspunkt A der Coordinatenaxen mit beliebigem Halbmesser einen Kreis BCRS, Fig. 6. beschrieben, so nimmt jede so begrenzte Region den Namen Quadrant, und zwar ebenfalls 1ster, 2ter, dritter etc. an. Die Radien des Kreises aber werden als Einheit betrachtet. Verfolgen wir nun die Bewegung eines Punktes von B an nach der Richtung C zu. In B ist derselbe im Maximo seiner positiven Entfernung von der Ordinatenaxe, mithin ist seine Absciſſe = + 1 und seine Ordinate = 0. Nähert er sich im Bogen BC der Ordinatenaxe, so fällt seine Abſciſſe und wächst seine Ordinate, bis er in C, dem Maximo der positiven Entfernung von der Abſciſſenaxe anlangt, wo seine Ordinate = + 1, seine Abſciſſe aber = 0 ist. Im Mittel zwischen BC waren beide Coordinaten einander gleich. Bewegt sich der Punkt nun von C nach R zu, so bleibt er zwar noch auf der positiven Ordinatenseite, ist aber dafür auf die negative Abſciſſenseite gekommen; das Wachsen und Fallen seiner Coordinaten findet nun in umgekehrter Ordnung statt, bis wiederum in R angelangt, die Ordinate = 0 ist und die Abſciſſe das negative Maximum = — 1 erhalten hat. Bei fernerer Fortbewegung nach S sind beide Coordinaten von ihm negativ, und in S selbst, ist seine Abſciſſe = 0, seine Ordinate aber = — 1. Vollendet er nun seine Kreisbewegung, so wächst seine Abſciſſe, und fällt seine Ordinate, bis er in B wieder in der ursprünglichen Lage ist. Denkt man sich mit dem beweglichen Punkte zugleich einen beweglichen Radius, und bedenkt man, daß bei der Annahme desselben = 1, die Ordinaten Träger der Sinuswerthe, die Abſciſſen aber Träger der Cosinuswerthe sind, so folgt ganz einfach:

1) Bei allen Winkeln des ersten Quadranten, also bei Winkeln zwischen 0 bis 90°, sind Sinus und Cosinus positiv.
2) Bei allen Winkeln des 2ten Quadranten, d. h. bei Winkeln zwischen 90° bis 180° ist der Sinus positiv, der Cosinus aber negativ.
3) Bei allen Winkeln des 3ten Quadranten, d. h. bei Winkeln zwischen 180° bis 270° sind Sinus und Cosinus negativ.

4) Bei allen Winkeln des 4ten Quadranten, d. h. bei Winkeln zwischen 180° bis 360° ist der Sinus negativ der Cosinus aber positiv.

Auch im Mittel aller übrigen Quadranten, waren beide Coordinaten des Punktes (Sinus und Cosinus des Winkels) einander gleich.

Leicht läßt sich nun auch aus dieser geometrischen Darstellung folgendes einsehen: der Sinus MO eines stumpfen Winkels BAM ist gleich dem Sinus seines spitzen Supplementes MAR; der Cosinus AO des stumpfen Winkels BAM ist ebenfalls gleich dem Cosinus jenes Supplementes, aber negativ genommen.

Der Sinus VW und der Cosinus AW des convexen Winkels BAV sind = dem Sinus und Cosinus des spitzen Ueberschusses RAV über 180°, aber beide negativ genommen.

Der Sinus UT des convexen Winkels BAU ist gleich dem Sinus der spitzen Ergänzung BAU zu 360°, aber negativ genommen; der Cosinus AT endlich dieses Convexwinkels ist völlig gleich mit dem Cosinus der spitzen Ergänzung BAU.

Wir wollen jetzt auch für die übrigen Functionen lineare Bilder zu zeichnen suchen. Man nehme an, der bewegliche Punkt sei mit seinem beweglichen Radius im ersten Quadranten bis D gekommen, ziehe durch B eine Tangente bis zum Durchschnittspunct F des verlängerten beweglichen Radius, so ist das Stück BF der Träger des Tangentenwerthes für den Winkel BAD $= \alpha$.

Beweis. Wegen der Aehnlichkeit der Dreiecke AED und ABF ist:

$$\frac{AE}{DE} = \frac{AB}{BF}$$

oder

$$\frac{\cos\alpha}{\sin\alpha} = \frac{1}{BF},$$

also

$$BF \cdot \cos\alpha = \sin\alpha$$

und

$$BF = \frac{\sin\alpha}{\cos\alpha} = \tang\alpha,$$

nach der Definition der Tangente.

Man ziehe jetzt nach derselben Ansicht durch C eine Tangente bis zum Schnitt G mit dem verlängerten Radius CD, so hat man in CG den Träger des Cotangentenwerthes für den Winkel α.

Beweis. Wegen Aehnlichkeit der Dreiecke ADH und ACG ist:

$$\frac{AH}{HD} = \frac{DE}{AE} = \frac{AC}{CG}$$

oder

$$\frac{\sin\alpha}{\cos\alpha} = \frac{1}{CG},$$

also

$$CG \cdot \sin\alpha = \cos\alpha$$

und

$$CG = \frac{\cos\alpha}{\sin\alpha} = \cot\alpha,$$

nach der Definition.

Das Stück AF vom Mittelpunkt auf dem beweglichen Radius bis zum Schnitt F mit der Tangente durch B, ist der Träger des Sekantenwerthes für den Winkel α.

Beweis. Wie man leicht sieht, ist

$$\frac{AE}{AD} = \frac{AB}{AF}$$

oder

$$\frac{\cos\alpha}{1} = \frac{1}{AF},$$

also

$$AF \cdot \cos\alpha = 1$$

und

$$AF = \frac{1}{\cos\alpha} = \sec\alpha$$

Endlich ist das Stück AG vom Mittelpunkt auf dem

beweglichen Radius bis zum Schnitt mit der Tangente durch C, der Träger des Cosekantenwerthes für den Winkel α.

Beweis. Es ist

$$\frac{AH}{AD} = \frac{DE}{AD} = \frac{AC}{AG}$$

oder

$$\frac{\sin\alpha}{1} = \frac{1}{AG},$$

also

$$AG \,.\, \sin\alpha = 1$$

und

$$AG = \frac{1}{\sin\alpha} = \operatorname{cosec}\alpha.$$

Anmerkung 1. Der Sinusversus findet seinen Repräsentanten in BE, und der Cosinusversus in CH; beide Functionen sind aber für die ebene Trigonometrie sehr unwichtig; sie werden öfters in der sphärischen gebraucht, und sollen denn hier ein für allemal abgehandelt sein.

Anmerkung 2. In früherer Zeit wurden, und hin und wieder werden auch wohl jetzt noch, die eben construirten Linien selbst als Sinus, Cosinus, Tangenten u. s. w. des Winkels α definirt, und daher trigonometrische oder goniometrische Hülfslinien genannt. Man sagt dann, sie seien aus dem Kreise hergeleitet, während unsere anfängliche Herleitung, die aus dem rechtwinkligen Dreiecke genannt wird. Wenn gleich nicht zu leugnen ist, daß diese lineare Ansicht die uranfängliche war; daß man erst von ihr ausgehend, sich zu einer allgemeinern emporschwang, so steht doch auch auf der andern Seite fest, daß es zweckmäßiger genannt werden muß, den neu gewonnenen Standpunkt zuerst den Lernenden erreichen zu lassen, wo es ja dann immer noch an der Zeit ist, ihn mit anderen früheren Ansichten bekannt zu machen. Der Zweck dieses Buches erlaubt nicht, die schon hin und wieder aufgestellten allgemeinsten Formen für Sinus und Cosinus zu entwickeln; wir haben uns begnügen müssen, sie als Quotienten einzuführen, obgleich diese Erklärung auch nicht vollständig umfassend ist, da sie durchaus zu keinem Resultate führt, wenn man in Sinus von α und Cosinus von α etc., α etwa als eine imaginäre Zahl annehmen wollte. Es versteht sich von selbst, daß dies kein Mangel ist, der auf die gemeine Praxis nachtheilig influirt; nur der Analyst, der von seinen Formeln verlangt, daß sie für jeden Werth ihrer Veränderlichen gelten sollen, war genöthigt, auch diese Functionen so zu finden, daß sie allen Anforderungen der Art entsprechen. Wir wollen künftig, um jedem zu genügen, die analytische und lineare Methode, so weit es sich thun läßt, Hand in Hand gehen lassen, um so mehr, da mancher Anfänger durchaus den Weg der Empirie wandeln zu müssen scheint, wenn er zu völlig klarer Anschauung der Sache gelangen soll.

§. 16. Zusatz.

Ein Rückblick auf den vorigen Paragraphen und auf Fig. 6. zeigt uns, daß durch den allein gegebenen Sinus oder Cosinus, die Größe des zugehörigen Winkels nicht bestimmt gegeben ist. So kann zum Sinus DE der Winkel α, aber auch der Winkel DAR, ja auch der Convexwinkel BAD; zum Cosinus AW der Winkel RAV, aber auch der Winkel BAV und ebenfalls auch der Convexwinkel RAV gehören, u. s. w. Soll nun die Größe eines Winkels vollständig gegeben sein, so muß man beide Functionen, und zwar mit ihren Vorzeichen kennen. Hat man z. B. beide positiv, so kann der zugehörige Winkel nur ein spitzer; hat man Sinus positiv und Cosinus negativ, so kann nur ein stumpfer, aber concaver Winkel zugehören; sind beide Functionen negativ, so muß der Winkel zwischen 180° und 270°; ist endlich der Sinus negativ, der Cosinus aber positiv, so muß der Winkel zwischen 270° und 360° sich vorfinden. Wir wollen in den folgenden §. §. dies auf analytischem Wege zu zeigen suchen.

§. 17. Aufgabe.

Man soll die Werthe der Sinus und Cosinus von $\frac{1}{2}\pi = 90°$, $\pi = 180°$, $\frac{3}{2}\pi = 270°$ und $2\pi = 360°$ finden.

Auflösung. Betrachtet man ein rechtwinklig-gleichschenkliges Dreieck, so findet sich jeder der spitzen Winkel $= \frac{1}{4}\pi = 45°$, und aus der Gleichheit der Catheten ergiebt sich die Gleichheit seiner Functionen, bezüglich mit seinen Cofunctionen (die Functionen des Complements), d. h. man findet

$$\sin 45^\circ = \cos 45^\circ,$$
$$\tang 45^\circ = \cot 45^\circ,$$
$$\sec 45^\circ = \operatorname{cosec} 45^\circ.$$

Nun ist

$$\sin \tfrac{1}{2}\pi = \sin 90^\circ = \sin(45^\circ + 45^\circ).$$

Aber es ist nach §. 6. I.

$$\begin{aligned}\sin(45^\circ+45^\circ) &= \sin 45^\circ . \cos 45^\circ + \cos 45^\circ . \sin 45^\circ \\ &= \sin 45^\circ . \sin 45^\circ + \cos 45^\circ . \cos 45^\circ \\ &= (\sin 45^\circ)^2 + (\cos 45^\circ)^2 = 1.\end{aligned}$$

Ferner ist

$$\begin{aligned}\cos \tfrac{1}{2}\pi = \cos 90^\circ &= \cos(45^\circ + 45^\circ) \\ &= \cos 45^\circ . \cos 45^\circ - \sin 45^\circ . \sin 45^\circ \\ &= \cos 45^\circ . \cos 45^\circ - \cos 45^\circ . \cos 45^\circ \\ &= (\cos 45^\circ)^2 - (\cos 45^\circ)^2 = 0.\end{aligned}$$

Nun ist

$$\sin \pi = \sin 180^\circ = \sin(90^\circ + 90^\circ),$$

aber

$$\begin{aligned}\sin(90^\circ + 90^\circ) &= \sin 90^\circ . \cos 90^\circ + \cos 90^\circ . \sin 90^\circ \\ &= 1 . 0 + 0 . 1 = 0.\end{aligned}$$

Und

$$\cos \pi = \cos 180^\circ = \cos(90^\circ + 90^\circ),$$

aber

$$\begin{aligned}\cos(90^\circ + 90^\circ) &= \cos 90^\circ . \cos 90^\circ - \sin 90^\circ . \sin 90^\circ \\ &= -1.\end{aligned}$$

Weiter hat man

$$\sin \tfrac{3}{2}\pi = \sin 270^\circ = \sin(180^\circ + 90^\circ),$$

aber

$$\begin{aligned}\sin(180^\circ + 90^\circ) &= \sin 180^\circ . \cos 90^\circ + \sin 90^\circ . \cos 180^\circ \\ &= -1.\end{aligned}$$

Und

$$\begin{aligned}\cos \tfrac{3}{2}\pi = \cos 270^\circ &= \cos(180^\circ + 90^\circ) \\ &= \cos 180^\circ . \cos 90^\circ - \sin 180^\circ . \sin 90^\circ \\ &= 0.\end{aligned}$$

Endlich

$$\begin{aligned}\sin 2\pi = \sin 360^\circ &= \sin(180^\circ + 180^\circ) \\ &= \sin 180^\circ . \cos 180^\circ + \cos 180^\circ . \sin 180^\circ \\ &= 0.\end{aligned}$$

Und

$$\cos 2\pi = \cos 360^\circ = \cos(180^\circ + 180^\circ)$$
$$= \cos 180^\circ . \cos 180^\circ - \sin 180^\circ . \sin 180^\circ$$
$$= (\cos 180^\circ)^2 - (\sin 180^\circ)^2$$
$$= (-1)^2 = 1.$$

Man hat also gefunden

1) $\sin \frac{1}{2}\pi = 1$ und $\cos \frac{1}{2}\pi = 0,$
2) $\sin \pi = 0$ „ $\cos \pi = -1,$
3) $\sin \frac{3}{2}\pi = -1$ „ $\cos \frac{3}{2}\pi = 0,$
4) $\sin 2\pi = 0$ „ $\cos 2\pi = 1.$

§. 18. Zusatz.

Wird die Untersuchung weiter fortgesetzt, und will man auch die Werthe der Sinus und Cosinus von $\frac{5}{2}\pi$, 3π, $\frac{7}{2}\pi$, 4π, ... $(2n + \frac{1}{2})\pi$, $(2n+1)\pi$, $2n\pi$ u. s. w. kennen, so ergiebt sich ein Gesetz, nach welchem

$$\sin(2n + \tfrac{1}{2})\pi = \sin \tfrac{1}{2}\pi = 1,$$
$$\cos(2n + \tfrac{1}{2})\pi = \cos \tfrac{1}{2}\pi = 0,$$
$$\begin{matrix}\sin\\ \cos\end{matrix}(2n+1)\pi = \begin{matrix}\sin\\ \cos\end{matrix}\pi = \begin{matrix}0,\\ -1,\end{matrix}$$
$$\begin{matrix}\sin\\ \cos\end{matrix}(2n + \tfrac{3}{2})\pi = \begin{matrix}\sin\\ \cos\end{matrix}\tfrac{3}{2}\pi = \begin{matrix}-1,\\ 0,\end{matrix}$$
$$\begin{matrix}\sin\\ \cos\end{matrix}(2n+2)\pi = \begin{matrix}\sin\\ \cos\end{matrix}2\pi = \begin{matrix}0\\ 1\end{matrix} \quad \text{u. s. w.}$$

ist. Es ist leicht einzusehen, daß Sinus und Cosinus von $(2n+2)\pi$ stets denselben Functionen von $2n\pi$ gleich sein muß, da unter $2n$ nur eine gerade Zahl verstanden wird, die demnach auch durch $2n+2$ repräsentirt ist.

§. 19. Lehrsätze.

I. Der Sinus eines stumpfen Winkels ist gleich dem Sinus seines Supplementes.

Beweis. Bedeutet nach §. 1. $\pi - \alpha$ einen stumpfen Winkel, so ist nach §. 7. III.

$$\sin(\pi - \alpha) = \sin\pi . \cos\alpha - \cos\pi . \sin\alpha$$
$$= 0 . \cos\alpha - (-1) \sin\alpha$$
$$= + \sin\alpha \text{ *)}.$$

II. Der Cosinus eines stumpfen Winkels ist gleich dem negativen Cosinus seines Supplementes.

Beweis. Ist $(\pi - \alpha)$ ein stumpfer Winkel, so hat man

$$\cos(\pi - \alpha) = \cos\pi . \cos\alpha + \sin\pi . \sin\alpha$$
$$= -1 . \cos\alpha + 0 . \sin\alpha$$
$$= -\cos\alpha.$$

III. Die Sinus und Cosinus eines convexen Winkels zwischen 180° und 270° (also eines Winkels im 3ten Quadranten) sind gleich denselben Functionen des spitzen Ueberschusses α über 180°, aber negativ genommen.

Beweis.

$$\sin(\pi + \alpha) = \sin\pi . \cos\alpha + \cos\pi . \sin\alpha$$
$$= 0 . \cos\alpha + (-1) \sin\alpha$$
$$= -\sin\alpha,$$
$$\cos(\pi + \alpha) = \cos\pi . \cos\alpha - \sin\pi . \sin\alpha$$
$$= -1 . \cos\alpha - 0 . \sin\alpha$$
$$= -\cos\alpha.$$

IV. Die Sinus und Cosinus eines convexen Winkels zwischen 270° und 360° (also eines Winkels im 4ten Quadranten) sind gleich denselben Functionen der spitzen Ergänzung zu 360°, erstere aber negativ genommen.

---

*) Bezeichnet man nach §. 1. den stumpfen Winkel durch $\frac{1}{2}\pi + \alpha$, so ergiebt sich

$$\sin(\tfrac{1}{2}\pi + \alpha) = \sin\tfrac{1}{2}\pi . \cos\alpha + \cos\tfrac{1}{2}\pi . \sin\alpha$$
$$= 1 . \cos\alpha + 0 . \sin\alpha$$
$$= + \cos\alpha.$$

Bedenkt man nun, daß bei dieser Bezeichnung α den spitzen Ueberschuß über einen rechten Winkel bedeutet, und daß der Cosinus dieses Ueberschusses = dem Sinus seines Complementes ist; daß endlich dieses Complement = dem Supplement von $\frac{1}{2}\pi + \alpha$, so ist auch dann der Lehrsatz richtig erwiesen.

Beweis.

$$\begin{aligned}\sin(2\pi-\alpha) &= \sin 2\pi.\cos\alpha-\cos 2\pi.\sin\alpha\\ &= 0.\cos\alpha-1.\sin\alpha\\ &= -\sin\alpha,\\ \cos(2\pi-\alpha) &= \cos 2\pi.\cos\alpha-\sin 2\pi.\sin\alpha\\ &= 1.\cos\alpha-0.\sin\alpha\\ &= +\cos\alpha\end{aligned}$$

§. 20. Zusatz.

In Beziehung auf die Positivität und Negativität der übrigen Winkelfunctionen ergiebt sich nun einfach folgendes:

1) Die Tangenten und Cotangenten sind positiv, deren Sinus und Cosinus gleiche Zeichen haben, also: die Tangenten und Cotangenten aller spitzen und aller convexen Winkel zwischen 180° und 270°. Die Tangenten und Cotangenten aller Winkel sind negativ, deren Sinus und Cosinus verschiedene Zeichen haben; also: die aller stumpfen und convexen Winkel zwischen 270° und 360°.

2) Die Sekanten aller Winkel sind bezüglich positiv oder negativ, wenn die Cosinus derselben positiv oder negativ sind.

3) Die Cosekanten aller Winkel richten sich, der Definition gemäß, nach den Zeichen der Sinus dieser Winkel *).

Ueber die Summen und Differenzen zweier Tangenten und Cotangenten.

§. 21. Lehrsatz.

Sind α und β spitze Winkel, so ist allemal

$$\text{I.}\quad \tan(\alpha+\beta) = \frac{\tan\alpha+\tan\beta}{1-\tan\alpha.\tan\beta}$$

*) Bei welchen Winkeln sind also Sekanten und Cosekanten positiv, und bei welchen negativ?

und

$$\text{II.}\quad \operatorname{tang}(\alpha-\beta)=\frac{\operatorname{tang}\alpha-\operatorname{tang}\beta}{1+\operatorname{tang}\alpha\,.\operatorname{tang}\beta}.$$

Beweis I. Es ist nach der Erklärung der Tangente

$$\operatorname{tang}(\alpha+\beta)=\frac{\sin(\alpha+\beta)}{\cos(\alpha+\beta)}$$

also

$$\operatorname{tang}(\alpha+\beta)=\frac{\sin\alpha\,.\cos\beta+\cos\alpha\,.\sin\beta}{\cos\alpha\,.\cos\beta-\sin\alpha\,.\sin\beta}$$

Dividirt man nun rechts Zähler und Nenner durch $\cos\alpha\,.\cos\beta$, so ergiebt sich,

$$\operatorname{tang}(\alpha+\beta)=\frac{\dfrac{\sin\alpha\,.\cos\beta}{\cos\alpha\,.\cos\beta}+\dfrac{\cos\alpha\,.\sin\beta}{\cos\alpha\,.\cos\beta}}{\dfrac{\cos\alpha\,.\cos\beta}{\cos\alpha\,.\cos\beta}-\dfrac{\sin\alpha\,.\sin\beta}{\cos\alpha\,.\cos\beta}}$$

oder

$$\operatorname{tang}(\alpha+\beta)=\frac{\operatorname{tang}\alpha+\operatorname{tang}\beta}{1-\operatorname{tang}\alpha\,.\operatorname{tang}\beta},$$

w. z. b. w.

Beweis. II. Es ist

$$\operatorname{tang}(\alpha-\beta)=\frac{\sin(\alpha-\beta)}{\cos(\alpha-\beta)}$$

oder

$$\operatorname{tang}(\alpha-\beta)=\frac{\sin\alpha\,.\cos\beta-\cos\alpha\,.\sin\beta}{\cos\alpha\,.\cos\beta+\sin\alpha\,.\sin\beta}.$$

Wird ebenfalls jetzt Zähler und Nenner rechts durch $\cos\alpha\,.\cos\beta$ dividirt, so hat man

$$\operatorname{tang}(\alpha-\beta)=\frac{\dfrac{\sin\alpha\,.\cos\beta}{\cos\alpha\,.\cos\beta}-\dfrac{\cos\alpha\,.\sin\beta}{\cos\alpha\,.\cos\beta}}{\dfrac{\cos\alpha\,.\cos\beta}{\cos\alpha\,.\cos\beta}+\dfrac{\sin\alpha\,.\sin\beta}{\cos\alpha\,.\cos\beta}}$$

oder

$$\operatorname{tang}(\alpha-\beta)=\frac{\operatorname{tang}\alpha-\operatorname{tang}\beta}{1+\operatorname{tang}\alpha\,.\operatorname{tang}\beta},$$

w. z. b. w.

§. 22. Lehrsatz.

Unter derselben Voraussetzung in Beziehung auf α und β, findet man stets:

$$\text{III.}\quad \cot(\alpha+\beta) = \frac{\cot\alpha.\cot\beta-1}{\cot\beta+\cot\alpha}$$

und

$$\text{IV.}\quad \cot(\alpha-\beta) = \frac{\cot\alpha.\cot\beta+1}{\cot\beta-\cot\alpha}.$$

Beweis III.

$$\cot(\alpha+\beta) = \frac{\cos(\alpha+\beta)}{\sin(\alpha+\beta)}$$

oder

$$\cot(\alpha+\beta) = \frac{\cos\alpha.\cos\beta-\sin\alpha.\sin\beta}{\sin\alpha.\cos\beta+\cos\alpha.\sin\beta}.$$

Dividirt man rechts Zähler und Nenner durch $\sin\alpha.\sin\beta$, so findet man

$$\cot(\alpha+\beta) = \frac{\frac{\cos\alpha.\cos\beta}{\sin\alpha.\sin\beta}-\frac{\sin\alpha.\sin\beta}{\sin\alpha.\sin\beta}}{\frac{\sin\alpha.\cos\beta}{\sin\alpha.\sin\beta}+\frac{\cos\alpha.\sin\beta}{\sin\alpha.\sin\beta}}$$

oder

$$\cot(\alpha+\beta) = \frac{\cot\alpha.\cot\beta-1}{\cot\beta+\cot\alpha},$$

w. z. b. w.

Beweis IV.

$$\cot(\alpha-\beta) = \frac{\cos(\alpha-\beta)}{\sin(\alpha-\beta)},$$

d. h.

$$\cot(\alpha-\beta) = \frac{\cos\alpha.\cos\beta+\sin\alpha.\sin\beta}{\sin\alpha.\cos\beta-\cos\alpha.\sin\beta}$$

oder

$$\cot(\alpha-\beta) = \frac{\frac{\cos\alpha.\cos\beta}{\sin\alpha.\sin\beta}+\frac{\sin\alpha.\sin\beta}{\sin\alpha.\sin\beta}}{\frac{\sin\alpha.\cos\beta}{\sin\alpha.\sin\beta}-\frac{\cos\alpha.\sin\beta}{\sin\alpha.\sin\beta}},$$

endlich

$$\cot(\alpha-\beta) = \frac{\cot\alpha.\cot\beta+1}{\cot\beta-\cot\alpha},$$

w. z. b. w.

§. 23. Zusatz.

Da nach §. 14. Tangente und Cotangente eines Winkels reciproke Werthe sind, so gilt stets $\tan\alpha.\cot\alpha = 1$, und diesem nach lassen sich die Formeln des vorigen Paragraphen auch folgendermaßen entwickeln.

Es ist z. B.

$$\left(\frac{\tan\alpha + \tan\beta}{1 - \tan\alpha . \tan\beta}\right) . \cot(\alpha + \beta) = 1,$$

also

$$\cot(\alpha+\beta) = \frac{1 - \tan\alpha . \tan\beta}{\tan\alpha + \tan\beta}$$

$$= \frac{1 - \frac{1}{\cot\alpha . \cot\beta}}{\frac{1}{\cot\alpha} + \frac{1}{\cot\beta}} = \frac{\cot\alpha . \cot\beta - 1}{\cot\beta + \cot\alpha}.$$

§. 24. Zusatz.

Setzt man in den vorigen Formeln $\beta = \alpha$, so erhält man:

$$\tan 2\alpha = \frac{2\tan\alpha}{1 - \tan\alpha^2},$$

$$\cot 2\alpha = \frac{\cot\alpha^2 - 1}{2\cot\alpha},$$

$$\tan 0 = \frac{\tan\alpha - \tan\alpha}{1 + \tan\alpha^2} = 0,$$

$$\cot 0 = \frac{\cot\alpha^2 + 1}{\cot\alpha - \cot\alpha} = \frac{\cot\alpha^2 + 1}{0} = \infty.$$

Anmerkung. Die Form $\frac{a}{0}$ ist im Calcul völlig unzulässig. Sie giebt, als Resultat, zu erkennen, daß durchaus kein Werth existirt, welcher in die Gleichung für das zu Findende gesetzt, dieselbe richtig und identisch macht. Man nimmt daher bei Erklärung dieses Symbols, wie bei allen ähnlichen Fällen, zum Unendlichen seine Zuflucht, und motivirt dies durch folgende Ansicht: Wenn bei ungeändertem Dividendus der Divisor fällt, so wächst der Quotient, und ist der Divisor so klein geworden, daß er der Null nächst angrenzt, so ist der Quotient über alle angebbare Größe hinaus gestiegen. Eine der Null nächst angrenzende Größe ist aber ebenfalls nicht angebbar, daher begnügt man sich, für dieselbe ihren nächsten Näherungswerth, d. h. Null selbst, zu setzen. In diesem Sinne also wollen wir auch für die Folge das Symbol $\frac{a}{0}$ oder $\frac{1}{0}$ für Bezeichnung des unendlich Großen annehmen, wonach denn der reciproke Werth (wenn man überhaupt von dem Werthe eines solchen Zeichens sprechen darf) $\frac{0}{1}$ als der Null nächst angrenzend, oder als $= 0$ genommen werden muß. — Mittelst ähnlicher Operationen, wie sie in den vorigen §. §. gezeigt wurden, und die wir dem Schüler überlassen, findet man noch:

$$\sec(\alpha \pm \beta) = \frac{\sec\alpha . \sec\beta}{1 \mp \tang\alpha . \tang\beta} = \frac{\operatorname{cosec}\alpha . \sec\beta}{\cot\alpha \mp \tang\beta},$$

$$\operatorname{cosec}(\alpha \pm \beta) = \frac{\operatorname{cosec}\alpha . \sec\beta}{1 \pm \cot\alpha . \tang\beta} = \frac{\sec\alpha . \sec\beta}{\tang\alpha \pm \tang\beta}.$$

Die Bestimmungsformeln für Sekante und Cosekante sind von minderer Wichtigkeit, und daher vor der Hand außer Acht zu lassen.

§. 25. Aufgabe.

Es sind die Grenzen zu bestimmen, zwischen welchen die Werthe sämmtlicher Winkelfunctionen liegen können.

Auflösung. Für Sinus und Cosinus haben wir dieselben schon mit 0 und 1 kennen gelernt; auch für $\tang 0$ hat sich die Grenze 0, so wie für $\cot 0$ die Grenze ∞ ergeben. Es bleiben demnach nur die Grenzwerthe der übrigen Functionen zu ermitteln. Nach der Erklärung des §. 13. erhält man augenblicklich in Verbindung mit §. 17.:

1) $\tang\frac{1}{2}\pi = \frac{\sin\frac{1}{2}\pi}{\cos\frac{1}{2}\pi} = \frac{1}{0} = \infty$, 2) $\cot\frac{1}{2}\pi = \frac{0}{1} = 0$,

3) $\tang\pi = \frac{0}{1} = 0$, 4) $\cot\pi = \frac{1}{0} = \infty$,

5) $\tang\frac{3}{2}\pi = \infty$, 6) $\cot\frac{3}{2}\pi = 0$,

7) $\tang 2\pi = 0$, 8) $\cot 2\pi = \infty$,

9) $\sec 0 = 1$, 10) $\operatorname{cosec} 0 = \infty$,

11) $\sec\frac{1}{2}\pi = \infty$, 12) $\operatorname{cosec}\frac{1}{2}\pi = 1$,

13) $\sec\pi = -1$, 14) $\operatorname{cosec}\pi = \infty$,

15) $\sec\frac{3}{2}\pi = \infty$, 16) $\operatorname{cosec}\frac{3}{2}\pi = 0$,

17) $\sec 2\pi = 1$, 18) $\operatorname{cosec} 2\pi = \infty$.

-1, 0, $+1$ und ∞ sind also die Grenzen, zwischen denen die Werthe irgend einer trigonometrischen Function schwanken können. Wir erblicken aber die Grenzen der Tangenten und Cotangenten am weitesten aus einander gerückt, wonach wir mit Gewißheit annehmen können, daß jede reelle Zahl als Tangente irgend eines Winkels gedacht, und mit dieser Bezeichnung in Rechnung gebracht werden könne, während nur ein echter Bruch als Sinus oder Cosinus, und eine Zahl >1 als Sekante oder Cosekante eines Winkels angenommen werden darf. Die Einführung irgend eines Ausdruckes mit trigonometrischer Bezeichnung in eine Rechnung nennt man: den Gebrauch des Hülfswinkels, ein Mittel, das in vielen Fällen zu einer leichteren eleganteren Auflösung führt. (Siehe als Beispiel §. 63.)

Anmerkung. Einer der Vortheile, welchen die Anwendung der trigonometrischen Bezeichnung gewährt, ist die Vereinfachung der Form mancher Ausdrücke. Wir wollen dies an einem Beispiele zeigen. Gesetzt, man hätte das irrationale Binom

$$x = a\sqrt{(m-n)},$$

so kann man folgende Formenumwandlung vornehmen:

$$x = a\sqrt{\left[m\left(1-\frac{n}{m}\right)\right]} = a\sqrt{m}.\sqrt{\left(1-\frac{n}{m}\right)}.$$

Ist nun das fragliche Binom eine reelle Zahl, so muß $n<m$, mithin $\frac{n}{m}$ ein echter Bruch sein. Jeder echte Bruch kann aber als Sinus oder Cosinus irgend eines Winkels φ angesehen werden, und man darf daher setzen z. B.

$$x = am^{\frac{1}{2}}.\sqrt{(1-\sin\varphi^2)},$$

indem auch $\frac{n}{m}$ gleich dem Quadrate des Sinus oder Cosinus φ gedacht werden darf.

Es ist aber $\sqrt{(1-\sin\varphi^2)} = \cos\varphi$, und das irrationale Binom kann also geschrieben werden

$$x = am^{\frac{1}{2}}.\cos\varphi,$$

welche Form offenbar einfacher ist. Hätte man ursprünglich gehabt

$$x = a\sqrt{(m+n)},$$

so war dies

$$= a m^{\frac{1}{2}}\sqrt{\left(1+\frac{n}{m}\right)}.$$

In diesem Falle kann aber $\frac{n}{m}$ jeden reellen Werth haben, und demnach $=\tan g\,\varphi^2$ gesetzt werden, woraus

$$x = a m^{\frac{1}{2}}\sqrt{(1+\tan g\,\varphi^2)}$$

hervorgeht.

Nimmt man nun jetzt an (wie es später in §. 41. *E.* x gezeigt wird), daß

$$\sqrt{(1+\tan g\,\varphi^2)} = \sec\varphi$$

ist, so geht das Binom über in die einfachere Form

$$x = a m^{\frac{1}{2}}.\sec\varphi.$$

§. 26. Zusatz.

Alle diese Resultate findet man auch nach der linearen Ansicht. Nach ihr ist die Tangente die Senkrechte durch den Endpunkt B (Fig. 6.) des festliegenden Radius, bis zum Schnitt mit der Verlängerung des beweglichen; sie läuft aber mit ihm parallel, sobald er mit dem ersteren einen Winkel $=\frac{1}{2}\pi=90^\circ$ bildet. Dasselbe muß mit der Cotangente CG in Beziehung auf $\angle$CAG statt finden; ist dieser aber $=90^\circ$, so ist sein Complement $=0$, und folglich auch $\cot 0$ ohne Ende, d. h. $\#$ AB. Da die beweglichen Endpunkte der Sekanten und Cosekanten bezüglich mit den beweglichen Endpunkten der Tangenten und Cotangenten identisch sind, so sieht man leicht, daß auch erstere Linien unbegrenzt sein werden, sobald es die letzteren sind. Man kann diese Untersuchung leicht durch alle vier Quadranten durchführen, und wird finden, daß die sich ergebenden Resultate völlig mit denen im vorigen §. gefundenen übereinstimmen. Mit Hülfe eben dieses §. und der §.§. 21. und 22. ergeben sich nun einfach folgende

§. 27. Lehrsätze.

I. Die Tangente eines stumpfen Winkels ist gleich der negativen Tangente des spitzen Supplementes.

Beweis. Nach §. 1. ist $(\pi-\alpha)$ ein stumpfer Winkel, und nach §. 21. ist

$$\tan(\pi-\alpha)=\frac{\tan\pi-\tan\alpha}{1+\tan\pi.\tan\alpha}=\frac{0-\tan\alpha}{1+0.\tan\alpha}=-\tan\alpha.$$

II. Die Cotangente eines stumpfen Winkels ist gleich der negativen Cotangente des Supplementes.

Beweis. Nach §. 13. ist

$$\cot(\pi-\alpha)=\frac{\cos(\pi-\alpha)}{\sin(\pi-\alpha)}=\frac{-\cos\alpha}{\sin\alpha}=-\cot\alpha\ ^{*}).$$

III. Die Tangente eines Winkels zwischen 180° und 270° ist gleich der Tangente des spitzen Ueberschusses über 180°.

Beweis. Nach §. 21. ist

$$\tan(\pi+\alpha)=\frac{\tan\pi+\tan\alpha}{1-\tan\pi.\tan\alpha}=\frac{0+\tan\alpha}{1-0.\tan\alpha}=\tan\alpha.$$

IV. Die Cotangente eines Winkels wie in III. ist gleich der Cotangente des spitzen Ueberschusses.

Beweis.

$$\cot(\pi+\alpha)=\frac{\cos(\pi+\alpha)}{\sin(\pi+\alpha)}=\frac{-\cos\alpha}{-\sin\alpha}=\frac{\cos\alpha}{\sin\alpha}=\cot\alpha,\ §.\ 19.$$

V. Die Tangenten und Cotangenten eines Winkels zwischen 270° und 360° sind gleich denselben negativen Functionen der Ergänzung zu 360°.

---

*) Wollten wir unsere Zuflucht zum unendlich Großen nehmen, so konnten wir auch nach §. 22. diesen Beweis führen, wobei nur ein für allemal festgesetzt werden muß, daß alles Endliche (einen angebbaren Werth habende) gegen das unendlich Große verschwindet, d. h. als nicht existirend gedacht wird. Nach §. 22. ist aber

$$\cot(\pi-\alpha)=\frac{\cot\pi.\cot\alpha+1}{\cot\alpha-\cot\pi}=\frac{\infty\cot\alpha+1}{\cot\alpha-\infty}=\frac{\infty\cot\alpha}{-\infty}=-\cot\alpha,$$

indem wir $\cot\alpha$ und $+1$ als verschwindend gegen $+\infty$ und $-\infty$ annehmen. Zu leugnen ist aber nicht, daß es zweckmäßiger erscheint, die Grenzen der Endlichkeit so lange festzuhalten, als es irgend nur angeht, weswegen wir auch den Beweis dieses Satzes lieber nach der Definition des §. 13. führten.

Beweis.

$$\operatorname{tang}(2\pi-\alpha)=\frac{\sin(2\pi-\alpha)}{\cos(2\pi-\alpha)}=\frac{-\sin\alpha}{+\cos\alpha}=-\operatorname{tang}\alpha,\ \text{§. 19.},$$

$$\cot(2\pi-\alpha)=\frac{\cos(2\pi-\alpha)}{\sin(2\pi-\alpha)}=\frac{+\cos\alpha}{-\sin\alpha}=-\cot\alpha.$$

§. 28. Der Begriff des negativen Winkels.

Jede bildliche (geometrische) Darstellung des Gegensatzes nimmt immer ihre Zuflucht zur Richtung, und definirt den Gegensatz selbst als entgegengesetzte Richtung. So wie wir nun bei Aufstellung zweier Coordinatenaxen (§. 15.) vom Anfangspunkt A der Abscissen die Richtung nach einer Seite (links) uns für die Abscissen positiv, die diametral entgegengesetzte (rechts) für dieselben negativ dachten, eben so kann man sich auch die Richtung des beweglichen Punktes (oder Radius), wie sie dort angenommen wurde, als positiv denken, wonach denn die entgegesetzte auch negativ (d. h. in Beziehung zur positiven) werden muß. Die auf diese Art entstehenden Winkel (oder Bogen) nennt man nun in der That negative Winkel (Bogen), indem man sie mit den nach der andern Richtung hin beschriebenen positiven in Relation setzt. Diese Unterscheidung zwischen positiven und negativen Winkeln oder Bogen ist zwar für die elementare Trigonometrie nicht gerade von bedeutendem Nutzen, sie ist aber unumgänglich nöthig, wenn verschiedene allgemeine Beziehungen zwischen den trigonometrischen Functionen auf alle Fälle anwendbar sein sollen. Ein negativer Winkel oder Bogen hat so gut seinen Sinus und Cosinus, wie ein positiver Winkel oder Bogen, und die Bestimmung dieser Functionen bleibt in beiden Fällen völlig dieselbe wie vorher. Betrachtet man in Fig. 7. einen solchen Winkel BAC, den wir in Beziehung zu BAD $=\alpha$ mit $-\alpha$ bezeichnen wollen, so ergiebt sich, daß, wenn die absolute Größe dieses negativen Winkels der des positiven gleich ist, auch Sinus und Cosinus beider

Winkel denselben absoluten Werth haben müssen. Beide Cosinus fallen auf die positive Abscissenseite, der Sinus des Winkels $-\alpha$ ist aber negativ zu nehmen, weil er auf der negativen Ordinatenseite liegt. Haben beide Winkel dieselbe absolute Größe, so ergänzen sich ihre Sinus gegenseitig zur Sehne des doppelten Winkels, oder des Winkels CAD, woraus sich denn augenblicklich folgender

Lehrsatz:

die halbe Sehne eines Winkels ist der Sinus des halben Winkels,

als richtig ableiten läßt. Hierauf gründet sich auch nach der Behauptung einiger, die Entstehung des Wortes Sinus, indem die ältern Mathematiker die Sehne: inscripta nannten, und nun die halbe Sehne durch semissis inscripta, oder abgekürzt s. ins. bezeichneten. Wahrscheinlicher ist indessen die Annahme, daß das Wort Sinus arabischen Ursprunges ist, in welcher Sprache es unmittelbar „halbe Sehne" bedeuten soll. Wir wollen nun auf analytischem Wege untersuchen, wie sich die trigonometrischen Functionen für negative Winkel gestalten.

§. 29. Lehrsätze.

Es soll sein

1) $\sin(-\alpha) = -\sin\alpha$, 2) $\cos(-\alpha) = \cos\alpha$,

3) $\tan g(-\alpha) = -\tan g\,\alpha$, 4) $\cot(-\alpha) = -\cot\alpha$,

5) $\sec(-\alpha) = \sec\alpha$, 6) $\operatorname{cosec}(-\alpha) = -\operatorname{cosec}\alpha$.

Beweise. Es ist

1) $$\sin(-\alpha) = \sin(0-\alpha) = \sin 0 . \cos\alpha - \cos 0 . \sin\alpha$$
$$= 0 - 1 . \sin\alpha = -\sin\alpha.$$

2) $$\cos(-\alpha) = \cos(0-\alpha) = \cos 0 . \cos\alpha + \sin 0 . \sin\alpha$$
$$= 1 . \cos\alpha + 0 = \cos\alpha.$$

3) $$\tan g(-\alpha) = \frac{\sin(-\alpha)}{\cos(-\alpha)} = \frac{-\sin\alpha}{\cos\alpha} = -\tan g\,\alpha.$$

4) $$\cot(-\alpha) = \frac{\cos(-\alpha)}{\sin(-\alpha)} = \frac{\cos\alpha}{-\sin\alpha} = -\cot\alpha.$$

5) $\sec(-\alpha) = \frac{1}{\cos(-\alpha)} = \frac{1}{\cos a} = \sec\alpha,$

6) $\operatorname{cosec}(-\alpha) = \frac{1}{\sin(-\alpha)} = \frac{1}{-\sin\alpha} = -\operatorname{cosec}\alpha.$

Anmerkung 1. Will man sich der negativen Winkel und ihrer Functionen bedienen, so kann man auch die Behauptung des §. 7. aus der bewiesenen des §. 6. herleiten, wenn man statt β die Form $-\beta$ setzt. Man erhält dann:

$$\begin{aligned}
\text{I.}\quad \sin(\alpha-\beta) &= \sin\alpha.\cos(-\beta) + \cos\alpha.\sin(-\beta)\\
&= \sin\alpha.\cos\beta + \cos\alpha(-\sin\beta)\\
&= \sin\alpha.\cos\beta - \cos\alpha.\sin\beta,\\
\text{II.}\quad \cos(\alpha-\beta) &= \cos\alpha.\cos(-\beta) - \sin\alpha.\sin(-\beta)\\
&= \cos\alpha.\cos\beta - \sin\alpha(-\sin\beta)\\
&= \cos\alpha.\cos\beta + \sin\alpha.\sin\beta,
\end{aligned}$$

wie sich in §. 7. unter III. und IV. ergab.

Anmerkung 2. Will sich der Schüler überzeugen, daß die schon einigemal in den Anmerkungen erwähnten Potenzformen

$$\sin\alpha = \frac{e^{\alpha\sqrt{-1}} - e^{-\alpha\sqrt{-1}}}{2\sqrt{-1}} \text{ und } \cos\alpha = \frac{e^{\alpha\sqrt{-1}} + e^{-\alpha\sqrt{-1}}}{2}$$

den eben entwickelten Bedingungen des negativen Winkels entsprechen, so setze er nur in beiden $-\alpha$ statt α, und er erhält

$$\begin{aligned}
\sin(-\alpha) &= \frac{e^{-\alpha\sqrt{-1}} - e^{\alpha\sqrt{-1}}}{2\sqrt{-1}} = \frac{-e^{\alpha\sqrt{-1}} + e^{-\alpha\sqrt{-1}}}{2\sqrt{-1}}\\
&= -\left(\frac{e^{\alpha\sqrt{-1}} - e^{-\alpha\sqrt{-1}}}{2\sqrt{-1}}\right) = -\sin\alpha,\\
\cos(-\alpha) &= \frac{e^{-\alpha\sqrt{-1}} + e^{\alpha\sqrt{-1}}}{2} = \frac{e^{\alpha\sqrt{-1}} + e^{-\alpha\sqrt{-1}}}{2} = \cos\alpha.
\end{aligned}$$

§. 30. Aufgabe.

Es sollen die gegebenen Summen oder Differenzen zweier Sinus und Cosinus in Produkte verwandelt werden.

Auflösung. In §. 6. und 7. ergab sich

$$\begin{aligned}
\text{I.}\quad \sin(\alpha+\beta) &= \sin\alpha.\cos\beta + \cos\alpha.\sin\beta,\\
\text{II.}\quad \cos(\alpha+\beta) &= \cos\alpha.\cos\beta - \sin\alpha.\sin\beta,
\end{aligned}$$

$$\text{III.}\quad \sin(\alpha-\beta) = \sin\alpha.\cos\beta - \cos\alpha.\sin\beta,$$
$$\text{IV.}\quad \cos(\alpha-\beta) = \cos\alpha.\cos\beta + \sin\alpha.\sin\beta.$$

Addirt man I. und III., und subtrahirt III. von I., so ergiebt sich

$$\text{V.}\quad \sin(\alpha+\beta) + \sin(\alpha-\beta) = 2\sin\alpha.\cos\beta,$$
$$\text{VI.}\quad \sin(\alpha+\beta) - \sin(\alpha-\beta) = 2\cos\alpha.\cos\beta.$$

Verfährt man ebenso mit II. und IV., so wird

$$\text{VII.}\quad \cos(\alpha+\beta) + \cos(\alpha-\beta) = 2\cos\alpha.\cos\beta,$$
$$\text{VIII.}\quad \cos(\alpha+\beta) - \cos(\alpha-\beta) = -2\sin\alpha.\sin\beta$$

oder

$$\cos(\alpha-\beta) - \cos(\alpha+\beta) = 2\sin\alpha.\sin\beta.$$

Setzt man nun $\alpha+\beta = x$, und $\alpha-\beta = y$, so erhält man nach Auflösung dieser Gleichungen

$$\alpha = \tfrac{1}{2}(x+y) \quad \text{und} \quad \beta = \tfrac{1}{2}(x-y)$$

und sind demnach die Summen und Differenzen

$$\sin x + \sin y, \quad \sin x - \sin y,$$
$$\cos x + \cos y, \quad \cos y - \cos x$$

gegeben, so ist gleich nach V., VI., VII., VIII.

$$A.\quad \sin x + \sin y = 2\sin\tfrac{1}{2}(x+y)\cos\tfrac{1}{2}(x-y),$$
$$B.\quad \sin x - \sin y = 2\cos\tfrac{1}{2}(x+y)\sin\tfrac{1}{2}(x-y),$$
$$C.\quad \cos x + \cos y = 2\cos\tfrac{1}{2}(x+y)\cos\tfrac{1}{2}(x-y),$$
$$D.\quad \cos y - \cos x = 2\sin\tfrac{1}{2}(x+y)\sin\tfrac{1}{2}(x-y).$$

Diese Formenumwandlung ist für die Praxis ungemein wichtig, indem sie da, wo solche Summen oder Differenzen erscheinen, stets eine logarithmische Behandlung möglich macht, die außerdem nicht anwendbar wäre. So ist z. B.

$$\sin 46^\circ + \sin 34^\circ = 2\sin 40^\circ.\cos 6^\circ$$
$$\sin 50^\circ + \sin 32^\circ 10' = 2\sin 41^\circ 5'.\cos 8^\circ 55',$$
$$\sin 74^\circ - \sin 34^\circ = 2\sin 20^\circ.\cos 54^\circ,$$
$$\sin 68^\circ 12' - \sin 19^\circ 20' = 2\sin 24^\circ 26'.\cos 43^\circ 46',$$
$$\sin 90^\circ + \sin 38^\circ = 1 + \sin 38^\circ = 2\sin 64^\circ.\cos 26^\circ$$
$$= 2\sin 64^\circ.\sin 64^\circ = 2(\sin 64^\circ)^2\ ^{*}).$$

*) Weil $\cos 26^\circ = \sin(90^\circ - 26^\circ) = \sin 64^\circ$ ist.

$$\sin 90^\circ + \sin\alpha = 2\sin\frac{90^\circ+\alpha}{2}\cos\frac{90^\circ+\alpha}{2}$$
$$= 2\sin(45^\circ + \tfrac{1}{2}\alpha).$$

§. 31. Zusatz.

Wären etwa die Summen oder Differenzen

$$\sin x + \cos y \text{ oder } \cos x - \sin y \text{ u. s. w.}$$

gegeben, so hat man gleich, indem $\cos y = \sin(90^\circ - y)$ und $\sin y = \cos(90^\circ - y)$ ist,

$$\sin x + \cos y = \sin x + \sin(90^\circ - y),$$
$$\cos x - \sin y = \cos x - \cos(90^\circ - y) \text{ u. s. w.}$$

So ist z. B.

$$\sin 68^\circ \pm \cos 26^\circ = \sin 68^\circ \pm \sin 64^\circ.$$

Man erhält auch leicht nachstehende Formeln, wenn man für die Tangenten und Cotangenten ihre Ausdrücke durch die Sinus und Cosinus setzt, und die Formeln der §. §. 6. und 7. für $\sin(\alpha \pm \beta)$ und $\cos(\alpha \pm \beta)$ anwendet:

$$1)\quad \tang\alpha + \tang\beta = \frac{\sin(\alpha+\beta)}{\cos\alpha \,.\, \cos\beta},$$

$$2)\quad \tang\alpha - \tang\beta = \frac{\sin(\alpha-\beta)}{\cos\alpha \,.\, \cos\beta},$$

$$3)\quad \cot\alpha + \cot\beta = \frac{\sin(\alpha+\beta)}{\sin\alpha \,.\, \sin\beta},$$

$$4)\quad \cot\alpha - \cot\beta = -\frac{\sin(\alpha-\beta)}{\sin\alpha \,.\, \sin\beta}.$$

Denn z. B. in No. 4. ist.

$$\cot\alpha - \cot\beta = \frac{\cos\alpha}{\sin\alpha} - \frac{\cos\beta}{\sin\beta}$$
$$= \frac{\cos\alpha \,.\, \sin\beta - \sin\alpha \,.\, \cos\beta}{\sin\alpha \,.\, \sin\beta}$$
$$= \frac{-(\sin\alpha \,.\, \cos\beta - \cos\alpha \,.\, \sin\beta)}{\sin\alpha \,.\, \sin\beta}$$
$$= -\frac{\sin(\alpha-\beta)}{\sin\alpha \,.\, \sin\beta}.$$

Auch diese Umwandlungen können mit Nutzen angewendet werden, sobald eine logarithmische Behandlung eintreten soll.

Eigenthümliche Relationen, die zwischen der Summe und der Differenz zweier gegebenen Sinus und Cosinus statt finden.

§. 32. Lehrsätze.

I. Wenn man die Summe zweier Sinus durch die Summe derselben Cosinus dividirt, so erhält man die Tangente der halben Summe der zu beiden Functionen gehörenden Winkel.

Beweis. Nach §. 30. ist

$$\frac{\sin\alpha+\sin\beta}{\cos\alpha+\cos\beta}=\frac{2\sin\frac{1}{2}(\alpha+\beta)\cos\frac{1}{2}(\alpha-\beta)}{2\cos\frac{1}{2}(\alpha+\beta)\cos\frac{1}{2}(\alpha-\beta)}$$
$$=\frac{\sin\frac{1}{2}(\alpha+\beta)}{\cos\frac{1}{2}(\alpha+\beta)}=\operatorname{tang}\tfrac{1}{2}(\alpha+\beta).$$

II. Wenn man die Differenz zweier Sinus durch die Summe der Cosinus dividirt, so erhält man die Tangente der halben Differenz beider Winkel.

Beweis. Es ist

$$\frac{\sin\alpha-\sin\beta}{\cos\alpha+\cos\beta}=\frac{2\cos\frac{1}{2}(\alpha+\beta)\sin\frac{1}{2}(\alpha-\beta)}{2\cos\frac{1}{2}(\alpha+\beta)\cos\frac{1}{2}(\alpha-\beta)}$$
$$=\frac{\sin\frac{1}{2}(\alpha-\beta)}{\cos\frac{1}{2}(\alpha-\beta)}=\operatorname{tang}\tfrac{1}{2}(\alpha-\beta).$$

III. Wenn man die Summe zweier Sinus durch die Differenz derselben dividirt, so bekommt man als Resultat die Tangente der halben Winkelsumme, dividirt durch die Tangente der halben Winkeldifferenz.

Beweis. Es ist

$$\left[\frac{\sin\alpha+\sin\beta}{\cos\alpha+\cos\beta}\right]:\left[\frac{\sin\alpha-\sin\beta}{\cos\alpha+\cos\beta}\right]=\frac{\sin\alpha+\sin\beta}{\sin\alpha-\sin\beta}=\frac{\operatorname{tang}\frac{1}{2}(\alpha+\beta)}{\operatorname{tang}\frac{1}{2}(\alpha-\beta)}.$$

IV. Wenn man die Summe zweier Sinus durch die Differenz der Cosinus dividirt, so erhält man die negative Cotangente der halben Winkeldifferenz.

Beweis. Es ist

$$\frac{\sin\alpha+\sin\beta}{\cos\alpha-\cos\beta}=\frac{2\sin\frac{1}{2}(\alpha+\beta)\cos\frac{1}{2}(\alpha-\beta)}{-2\sin\frac{1}{2}(\alpha+\beta)\sin\frac{1}{2}(\alpha-\beta)}$$

$$=-\frac{\cos\frac{1}{2}(\alpha-\beta)}{\sin\frac{1}{2}(\alpha-\beta)}=-\cot\tfrac{1}{2}(\alpha-\beta).$$

V. Wenn man die Differenz zweier Sinus durch die Differenz der Cosinus dividirt, so erhält man die negative Cotangente der halben Winkelsumme

Beweis. Es ist

$$\frac{\sin\alpha-\sin\beta}{\cos\alpha-\cos\beta}=\frac{2\cos\frac{1}{2}(\alpha+\beta)\sin\frac{1}{2}(\alpha-\beta)}{-2\sin\frac{1}{2}(\alpha+\beta)\sin\frac{1}{2}(\alpha-\beta)}$$

$$=-\frac{\cos\frac{1}{2}(\alpha+\beta)}{\sin\frac{1}{2}(\alpha+\beta)}=-\cot\tfrac{1}{2}(\alpha+\beta).$$

VI. Wenn man die Summe zweier Cosinus durch die Differenz derselben dividirt, so erhält man einen negativen Bruch, dessen Zähler die Cotangente der halben Winkeldifferenz, und dessen Nenner die Tangente der halben Winkelsumme ist.

Beweis.

$$\frac{\cos\alpha+\cos\beta}{\cos\alpha-\cos\beta}=\frac{2\cos\frac{1}{2}(\alpha+\beta)\cos\frac{1}{2}(\alpha-\beta)}{-2\sin\frac{1}{2}(\alpha+\beta)\sin\frac{1}{2}(\alpha-\beta)}$$

$$=-\cot\tfrac{1}{2}(\alpha+\beta).\cot\tfrac{1}{2}(\alpha-\beta)$$

$$=\frac{1}{-\tan\frac{1}{2}(\alpha+\beta)}.\cot\tfrac{1}{2}(\alpha-\beta)$$

$$=-\frac{\cot\frac{1}{2}(\alpha-\beta)}{\tan\frac{1}{2}(\alpha+\beta)}.$$

VII. Wenn man die Differenz zweier Sinus durch die Summe derselben dividirt, so erhält man die Tangente der halben Winkeldifferenz, dividirt durch die Tangente der halben Winkelsumme.

Beweis. Es ist

$$\frac{\sin\alpha - \sin\beta}{\sin\alpha + \sin\beta} = \frac{2\cos\frac{1}{2}(\alpha+\beta)\sin\frac{1}{2}(\alpha-\beta)}{2\sin\frac{1}{2}(\alpha+\beta)\cos\frac{1}{2}(\alpha-\beta)}$$
$$= \cot\tfrac{1}{2}(\alpha+\beta) . \operatorname{tang}\tfrac{1}{2}(\alpha-\beta)$$
$$= \frac{1}{\operatorname{tang}\frac{1}{2}(\alpha+\beta)} . \operatorname{tang}\tfrac{1}{2}(\alpha-\beta)$$
$$= \frac{\operatorname{tang}\frac{1}{2}(\alpha-\beta)}{\operatorname{tang}\frac{1}{2}(\alpha+\beta)}.$$

§. 33. Zusatz.

In dem Satze No. VII. liegt die Wahrheit, daß die Summe der Sinus zweier Winkel, zur Differenz dieser Sinus dasselbe Verhältniß habe, wie die Tangente der halben Winkelsumme zur Tangente der halben Winkeldifferenz es hat. Da dieser Satz sich in der Folge als praktisch wichtig zeigt, so wollen wir einmal von ihm einen geometrischen Beweis führen. Denkt man sich in Fig. 8. den Durchmesser AM gezogen, und zwei verschiedene Kreisbogen (oder Winkel) AC $= \alpha$, AB $= \beta$, deren Sinus nun BE und CF sind; nimmt man ferner BD $\#$ AM, verbindet C mit D, und D mit dem Durchschnittspunkte G der verlängerten CF; beschreibt endlich um D mit dem Radius des gegebenen Kreises den Bogen RQ, und legt durch N die begrenzte Tangente OP, so ergiebt sich folgendes:

Es ist

$$\text{CH} = \text{CF} - \text{HF} = \text{CF} - \text{BE} = \sin\alpha - \sin\beta,$$
$$\text{GH} = \text{GF} + \text{HF} = \text{CF} + \text{BE} = \sin\alpha + \sin\beta,$$
$$\text{NO} = \operatorname{tang}\text{NDR} = \operatorname{tang}\text{BDC},$$
$$\text{NP} = \operatorname{tang}\text{NDQ} = \operatorname{tang}\text{BDG}.$$

Weil aber beide Winkel Peripheriewinkel sind, so ist auch

$\angle$BDC $= \frac{1}{2}$ Centriwinkel vom Bogen BC,
$\angle$BDG $= \frac{1}{2}$ " " " " BG,

also

$$\text{NP} = \operatorname{tang}\tfrac{1}{2}\text{BG} = \operatorname{tang}\tfrac{1}{2}(\alpha+\beta)$$

und

$$\text{NO} = \operatorname{tang}\tfrac{1}{2}\text{BC} = \operatorname{tang}\tfrac{1}{2}(\alpha-\beta).$$

Da nun CG $\#$ OP, so ist $\triangle CDG \sim \triangle ODP$ und $\triangle CDH \sim \triangle ODN$, und daher hat man

$$\frac{CH}{GH} = \frac{NO}{NP}$$

oder

$$\frac{\sin\alpha - \sin\beta}{\sin\alpha + \sin\beta} = \frac{\tan\frac{1}{2}(\alpha-\beta)}{\tan\frac{1}{2}(\alpha+\beta)}$$

woraus die herzuleitende Proportion folgert.

§. 34. Multiplikationsformeln für die Sinus und Cosinus eines Winkels α.

Wir haben schon gelernt, aus dem gegebenen Sinus und Cosinus eines Winkels den Sinus und Cosinus des zwiefachen Winkels zu finden; wir wollen diese Untersuchungen jetzt weiter ausdehnen, um auch die Sinus und Cosinus des drei=, vier=, fünf=, ... nfachen Winkels berechnen zu können. Aus den Formeln I. bis IV. der §. §. 6. und 7. folgt unmittelbar

$$\begin{aligned}\sin 3\alpha &= \sin(2\alpha+\alpha) = \sin 2\alpha.\cos\alpha + \cos 2\alpha.\sin\alpha\\ &= 2\cos\alpha^2.\sin\alpha + (\cos\alpha^2 - \sin\alpha^2)\sin\alpha\\ &= 2\cos\alpha^2.\sin\alpha + \cos\alpha^2.\sin\alpha - \sin\alpha^3\\ &= 3\cos\alpha^2.\sin\alpha - \sin\alpha^3,\end{aligned}$$

wenn man die für $\sin 2\alpha$ und $\cos 2\alpha$ schon kennen gelernten Ausdrücke substituirt.

Ebenso ist

$$\begin{aligned}\cos 3\alpha = \cos(2\alpha+\alpha) &= \cos 2\alpha.\cos\alpha - \sin 2\alpha.\sin\alpha\\ &= \cos\alpha^3 - \cos\alpha.\sin\alpha^2 - 2\cos\alpha.\sin\alpha^2\\ &= \cos\alpha^3 - 3\cos\alpha.\sin\alpha^2.\end{aligned}$$

Nach derselben Methode erhält man weiter

$$\begin{aligned}\sin 4\alpha = \sin(3\alpha+\alpha) &= \sin 3\alpha.\cos\alpha + \cos 3\alpha.\sin\alpha\\ &= 3\cos\alpha^3.\sin\alpha - \cos\alpha.\sin\alpha^3\\ &\quad + \cos\alpha^3.\sin\alpha - 3\cos\alpha.\sin\alpha^3\\ &= 4\cos\alpha^3.\sin\alpha - 4\cos\alpha.\sin\alpha^3,\end{aligned}$$

$$\cos 4\alpha = \cos(3\alpha + \alpha) = \cos 3\alpha . \cos\alpha - \sin 3\alpha . \sin\alpha$$
$$= \cos\alpha^4 - 3\cos\alpha^2 . \sin\alpha^2$$
$$- 3\cos\alpha^2 . \sin\alpha^2 + \sin\alpha^4$$
$$= \cos\alpha^4 - 6\cos\alpha^2 \sin\alpha^2 + \sin\alpha^4.$$

So fortfahrend ist auch

$$\sin 5\alpha = \sin(4\alpha + \alpha) = \sin 4\alpha . \cos\alpha + \cos 4\alpha . \sin\alpha$$
$$= 4\cos\alpha^4 \sin\alpha - 4\cos\alpha^2 . \sin\alpha^3$$
$$+ \cos\alpha^4 . \sin\alpha - 6\cos\alpha^2 \sin\alpha^3 + \sin\alpha^5$$
$$= 5\cos\alpha^4 . \sin\alpha - 10\cos\alpha^2 . \sin\alpha^3 + \sin\alpha^5,$$

$$\cos 5\alpha = \cos(4\alpha + \alpha) = \cos 4\alpha . \cos\alpha - \sin 4\alpha . \sin\alpha$$
$$= \cos\alpha^5 - 6\cos\alpha^3 . \sin\alpha^2 + \cos\alpha . \sin\alpha^4$$
$$- 4\cos\alpha^3 . \sin\alpha^2 + 4\cos\alpha . \sin\alpha^4$$
$$= \cos\alpha^5 - 10\cos\alpha^3 . \sin\alpha^2 + 5\cos\alpha . \sin\alpha^4$$

$$\sin 6\alpha = \sin(5\alpha + \alpha) = \sin 5\alpha . \cos\alpha + \cos 5\alpha . \sin\alpha$$
$$= 5\cos\alpha^5 . \sin\alpha - 10\cos\alpha^3 . \sin\alpha^3 + \cos\alpha . \sin\alpha^5$$
$$+ \cos\alpha^5 . \sin\alpha - 10\cos\alpha^3 . \sin\alpha^3 + 5\cos\alpha . \sin\alpha^5$$
$$= 6\cos\alpha^5 . \sin\alpha - 20\cos\alpha^3 . \sin\alpha^3 + 6\cos\alpha . \sin\alpha^5$$

$$\cos 6\alpha = \cos(5\alpha + \alpha) = \cos 5\alpha . \cos\alpha - \sin 5\alpha . \sin\alpha$$
$$= \cos\alpha^6 - 10\cos\alpha^4 . \sin\alpha^2 + 5\cos\alpha^2 . \sin\alpha^4$$
$$- 5\cos\alpha^4 . \sin\alpha^2 + 10\cos\alpha^2 . \sin\alpha^4 - \sin\alpha^6$$
$$= \cos\alpha^6 - 15\cos\alpha^4 . \sin\alpha^2 + 15\cos\alpha^2 . \sin\alpha^4 - \sin\alpha^6.$$

Auf diese Weise weiter gehend, ist man im Stande den Sinus und Cosinus jedes Vielfachen von α zu bestimmen. Daß diese Formeln eine mannigfach andere Gestalt annehmen können, ist leicht einzusehen; man setze nur z. B. in

$$\sin 3\alpha = 3\cos\alpha^2 . \sin\alpha - \sin\alpha^3$$

statt $\cos\alpha^2$ den ihm gleichen Werth $1 - \sin\alpha^2$, so geht die Formel über in

$$\sin 3\alpha = 3\sin\alpha - 4\sin\alpha^3,$$

und setzt man statt $\sin\alpha^2$ den Werth $1 - \cos\alpha^2$ in

$$\cos 3\alpha = \cos\alpha^3 - 3\cos\alpha . \sin\alpha^2,$$

so geht diese Form über in

$$\cos 3\alpha = 4\cos\alpha^3 - 3\cos\alpha.$$

§. 35. Zusatz.

Man kann zu diesen Multiplikationsformeln für Sinus und Cosinus auch noch auf folgendem Wege gelangen: Aus den Formeln V., VI., VII., VIII. des §. 30. ergiebt sich

1) $2\sin\alpha . \cos\beta = \sin(\alpha+\beta)+\sin(\alpha-\beta)$,
2) $2\cos\alpha . \sin\beta = \sin(\alpha+\beta)-\sin(\alpha-\beta)$,
3) $2\cos\alpha . \cos\beta = \cos(\alpha-\beta)+\cos(\alpha+\beta)$,
4) $2\sin\alpha . \sin\beta = \cos(\alpha-\beta)-\cos(\alpha+\beta)$,

und hieraus wieder

5) $\sin(\alpha+\beta) = 2\sin\alpha . \cos\beta - \sin(\alpha-\beta)$,
6) $\cos(\alpha+\beta) = 2\cos\alpha . \cos\beta - \cos(\alpha-\beta)$.

Setzt man nun statt α ein Vielfaches von β, welches die Form $(n-1)\beta$ hat, so wird aus No. 5. und 6.:

7) $\sin(n\beta) = 2\sin[(n-1)\beta] . \cos\beta - \sin[(n-2)\beta]$,
8) $\cos(n\beta) = 2\cos[(n-1)\beta] . \cos\beta - \cos[(n-2)\beta]$.

Diese **ganz allgemeinen** Formen für Sinus nnd Cosinus **jedes Vielfachen** von β gelten auch für jedes Vielfache von α, und es geht augenblicklich $\sin(n\alpha)$ oder $\cos(n\alpha)$ in eine der Formen über, wie sie im vorigen Paragraphen gefunden wurden, wenn man statt n nach und nach 1, 2, 3, 4 ... setzt, und jedesmal die früher erhaltenen Vielfachen des Sinus und Cosinus substituirt.

Für $n=2$ erhält man z. B.

$$\sin 2\alpha = 2\sin[(2-1)\alpha] . \cos\alpha - \sin[(2-2)\alpha]$$
$$= 2\sin\alpha . \cos\alpha - \sin 0$$
$$= 2\sin\alpha . \cos\alpha$$

und

$$\cos 2\alpha = 2\cos[(2-1)\alpha] . \cos\alpha - \cos[(2-2)\alpha]$$
$$= 2\cos\alpha^2 - \cos 0$$
$$= 2\cos\alpha^2 - 1$$
$$= \cos\alpha^2 + \cos\alpha^2 - (\sin\alpha^2 + \cos\alpha^2)$$
$$= \cos\alpha^2 - \sin\alpha^2,$$

wie schon früher gefunden wurde.

§. 36. Multiplikationsformeln für die Tangenten und Cotangenten des Winkels α.

In §. 24. erhielten wir schon

$$\tan g\, 2\alpha = \frac{2 \tan g\, \alpha}{1 - \tan g\, \alpha^2}.$$

Hieraus ergiebt sich nun in Verbindung mit §. 21.

$$\tan g\, 3\alpha = \tan g\, (2\alpha + \alpha) = \frac{\tan g\, 2\alpha + \tan g\, \alpha}{1 - \tan g\, 2\alpha . \tan g\, \alpha},$$

und substituirt man hierin den für $\tan g\, 2\alpha$ gefundenen Werth, so erhält man

$$\tan g\, 3\alpha = \frac{\frac{2 \tan g\, \alpha}{1 - \tan g\, \alpha^2} + \tan g\, \alpha}{1 - \frac{2 \tan g\, \alpha}{1 - \tan g\, \alpha^2} . \tan g\, \alpha}$$

$$= \frac{3 \tan g\, \alpha - \tan g\, \alpha^3}{1 - 3 \tan g\, \alpha^2},$$

$$\tan g\, 4\alpha = \tan g (3\alpha + \alpha) = \frac{\tan g\, 3\alpha + \tan g\, \alpha}{1 - \tan g\, 3\alpha . \tan g\, \alpha}$$

$$= \frac{\frac{3 \tan g\, \alpha - \tan g\, \alpha^3}{1 - 3 \tan g\, \alpha^2} + \tan g\, \alpha}{1 - \frac{3 \tan g\, \alpha - \tan g\, \alpha^3}{1 - 3 \tan g\, \alpha^2} . \tan g\, \alpha}$$

$$= \frac{3 \tan g\, \alpha - \tan g\, \alpha^3 + \tan g\, \alpha - 3 \tan g\, \alpha^3}{1 - 3 \tan g\, \alpha^2 - 3 \tan g\, \alpha^2 + \tan g\, \alpha^4}$$

$$= \frac{4 \tan g\, \alpha - 4 \tan g\, \alpha^3}{1 - 6 \tan g\, \alpha^2 + \tan g\, \alpha^4} \quad \text{u. s. w.}$$

Ebenfalls ergab sich in §. 24.

$$\cot 2\alpha = \frac{\cot \alpha^2 - 1}{2 \cot \alpha}.$$

Hieraus in Verbindung mit §. 22. III. erhält man

$$\cot 3\alpha = \cot(2\alpha+\alpha) = \frac{\cot 2\alpha . \cot\alpha - 1}{\cot\alpha + \cot 2\alpha}$$

$$= \frac{\frac{\cot\alpha^2 - 1}{2\cot\alpha} . \cot\alpha - 1}{\cot\alpha + \frac{\cot\alpha^2 - 1}{2\cot\alpha}}$$

$$= \frac{\cot\alpha^3 - \cot\alpha - 2\cot\alpha}{2\cot\alpha^2 + \cot\alpha^2 - 1}$$

$$= \frac{\cot\alpha^3 - 3\cot\alpha}{3\cot\alpha^2 - 1}$$

$$\cot 4\alpha = \cot(3\alpha+\alpha) = \frac{\cot 3\alpha . \cot\alpha - 1}{\cot\alpha + \cot 3\alpha}$$

$$= \frac{\frac{\cot\alpha^3 - 3\cot\alpha}{3\cot\alpha^2 - 1} . \cot\alpha - 1}{\cot\alpha + \frac{\cot\alpha^3 - 3\cot\alpha}{3\cot\alpha^2 - 1}}$$

$$= \frac{\cot\alpha^4 - 3\cot\alpha^2 - 3\cot\alpha^2 + 1}{3\cot\alpha^3 - \cot\alpha + \cot\alpha^3 - 3\cot\alpha}$$

$$= \frac{\cot\alpha^4 - 6\cot\alpha^2 + 1}{4\cot\alpha^3 - 4\cot\alpha}$$

u. s. w.

Will der Schüler die Multiplikation der Winkel noch weiter fortsetzen, so ist dies eine gute Uebung für ihn, da der eigentlich praktische Nutzen dieser Formeln für die Elemente unwesentlich ist.

Ueber die Summen der Sinus, Cosinus, Tangenten und Cotangenten dreier Winkel, die sich zu einer gewissen Gradzahl ergänzen.

§. 37. Lehrsatz.

Die Summe der Sinus dreier Winkel, welche sich zu 180° ergänzen (also die Summe der drei Sinus der Winkel eines ebenen Dreiecks) ist gleich dem vierfachen Produkte der

Cosinus dieser halben Winkel, d. h., ist

$$\alpha+\beta+\gamma=\pi,$$

so ist

$$\sin\alpha+\sin\beta+\sin\gamma=4\cos\tfrac{1}{2}\alpha\,.\,\cos\tfrac{1}{2}\beta\,.\,\cos\tfrac{1}{2}\gamma.$$

Beweis. Es ist $\alpha+\beta$ das Supplement von γ, und daher

$$\sin\gamma=\sin(\alpha+\beta),$$

also

$$\sin\alpha+\sin\beta+\sin\gamma=\sin\alpha+\sin\beta+\sin(\alpha+\beta),$$
$$=\sin\alpha+\sin\beta+\sin\alpha\,.\,\cos\beta+\cos\alpha\,.\,\sin\beta.$$

Durch Absonderung der gemeinschaftlichen Factoren erhält man den Ausdruck rechts

$$=\sin\alpha(1+\cos\beta)+\sin\beta(1+\cos\alpha)\quad\odot.$$

Nach der Formel *B.* des §. 11. ergiebt sich aber

$$1+\cos\alpha=2(\cos\tfrac{1}{2}\alpha)^2,$$

und demnach auch

$$1+\cos\beta=2(\cos\tfrac{1}{2}\beta)^2.$$

Ferner ist analog den Formeln

$$\sin 2\alpha=2\sin\alpha\,.\,\cos\alpha,$$
$$\cos 2\alpha=\cos\alpha^2-\sin\alpha^2,$$

auch

$$\sin\alpha=2\sin\tfrac{1}{2}\alpha\,.\,\cos\tfrac{1}{2}\alpha,$$
$$\cos\alpha=(\cos\tfrac{1}{2}\alpha)^2-(\sin\tfrac{1}{2}\alpha)^2,$$

und bei Substitution dieser Werthe für die betreffenden in $\odot$ geht dieser Ausdruck über in:

$$(2\sin\tfrac{1}{2}\alpha\,.\,\cos\tfrac{1}{2}\alpha)[2(\cos\tfrac{1}{2}\beta)^2]+(2\sin\tfrac{1}{2}\beta\,.\,\cos\tfrac{1}{2}\beta)[2(\cos\tfrac{1}{2}\alpha)^2]$$
$$=4\sin\tfrac{1}{2}\alpha\,.\,\cos\tfrac{1}{2}\alpha\,.\,(\cos\tfrac{1}{2}\beta)^2+4\sin\tfrac{1}{2}\beta\,.\,\cos\tfrac{1}{2}\beta\,.\,(\cos\tfrac{1}{2}\alpha)^2$$
$$=4\cos\tfrac{1}{2}\alpha\,.\,\cos\tfrac{1}{2}\beta(\sin\tfrac{1}{2}\alpha\,.\,\cos\tfrac{1}{2}\beta+\cos\tfrac{1}{2}\alpha\,.\,\sin\tfrac{1}{2}\beta)$$
$$=4\cos\tfrac{1}{2}\alpha\,.\,\cos\tfrac{1}{2}\beta\,.\,\sin\tfrac{1}{2}(\alpha+\beta),$$

und da $\sin\tfrac{1}{2}(\alpha+\beta)=\sin\tfrac{1}{2}(\pi-\gamma)=\sin(\tfrac{1}{2}\pi-\tfrac{1}{2}\gamma)$; der Sinus eines Winkels aber dem Cosinus seines Complementes gleich, und das Complement von $\tfrac{1}{2}\pi-\tfrac{1}{2}\gamma$ offenbar $=\tfrac{1}{2}\gamma$ ist, so erhält man $\sin\tfrac{1}{2}(\alpha+\beta)=\cos\tfrac{1}{2}\gamma$, und also

$$\sin\alpha+\sin\beta+\sin\gamma=4\cos\tfrac{1}{2}\alpha\,.\,\cos\tfrac{1}{2}\beta\,.\,\cos\tfrac{1}{2}\gamma,$$

w. z. b. w.

§. 38. Lehrsatz.

Die Summe der Cosinus dreier Winkel $\alpha+\beta+\gamma=\pi$ ist gleich dem vierfachen Produkte der drei Sinus der halben Winkel, plus der Einheit 1.

Beweis. Es ist

$$\cos\gamma = -\cos(\alpha+\beta) = -\cos\alpha.\cos\beta+\sin\alpha.\sin\beta,$$

also

$$\cos\alpha+\cos\beta+\cos\gamma$$
$$= \cos\alpha-\cos\alpha.\cos\beta+\cos\beta+\sin\alpha.\sin\beta$$
$$= \cos\alpha(1-\cos\beta)+\cos\beta+\sin\alpha.\sin\beta \quad \mathfrak{C}.$$

Es ist aber

$$1+\cos\alpha = 2(\cos\tfrac{1}{2}\alpha)^2$$

und

$$\cos\alpha = 2(\cos\tfrac{1}{2}\alpha)^2-1,$$

und da

$$(\cos\tfrac{1}{2}\alpha)^2 = 1-(\sin\tfrac{1}{2}\alpha)^2,$$

so ist

$$2(\cos\tfrac{1}{2}\alpha)^2 = 2-2(\sin\tfrac{1}{2}\alpha)^2,$$

also

$$\cos\alpha = 2-2(\sin\tfrac{1}{2}\alpha)^2-1 = 1-2(\sin\tfrac{1}{2}\alpha)^2,$$

und analog

$$\cos\beta = 1-2(\sin\tfrac{1}{2}\beta)^2,$$

demnach

$$1-\cos\beta = 2(\sin\tfrac{1}{2}\beta)^2.$$

Die Formel $\mathfrak{C}$ geht also bei Substitution dieses für $1-\cos\beta$ gefundenen Werthes, und wenn man auch

$$\sin\alpha = 2\sin\tfrac{1}{2}\alpha.\cos\tfrac{1}{2}\alpha$$

und

$$\sin\beta = 2\sin\tfrac{1}{2}\beta.\cos\tfrac{1}{2}\beta$$

setzt, über in:

$$[1-2(\sin\tfrac{1}{2}\alpha)^2][2(\sin\tfrac{1}{2}\beta)^2]+1-2(\sin\tfrac{1}{2}\beta)^2$$
$$+4\sin\tfrac{1}{2}\alpha.\cos\tfrac{1}{2}\alpha.\sin\tfrac{1}{2}\beta.\cos\tfrac{1}{2}\beta$$
$$=$$
$$1+4\sin\tfrac{1}{2}\alpha.\cos\tfrac{1}{2}\alpha.\sin\tfrac{1}{2}\beta.\cos\tfrac{1}{2}\beta$$
$$+2(\sin\tfrac{1}{2}\beta)^2[1-2(\sin\tfrac{1}{2}\alpha)^2-1]$$
$$=$$
$$1+4\sin\tfrac{1}{2}\alpha.\cos\tfrac{1}{2}\alpha.\sin\tfrac{1}{2}\beta.\cos\tfrac{1}{2}\beta+4(\sin\tfrac{1}{2}\beta)^2(\sin\tfrac{1}{2}\alpha)^2$$
$$=$$

$$1+4\sin\tfrac{1}{2}\alpha\,.\,\sin\tfrac{1}{2}\beta[\cos\tfrac{1}{2}\alpha\,.\,\cos\tfrac{1}{2}\beta-\sin\tfrac{1}{2}\beta\,.\,\sin\tfrac{1}{2}\alpha]$$
$$=$$
$$1+4\sin\tfrac{1}{2}\alpha\,.\,\sin\tfrac{1}{2}\beta\,.\,\cos\tfrac{1}{2}(\alpha+\beta)$$

oder, da

$$\cos\tfrac{1}{2}(\alpha+\beta)=\sin\tfrac{1}{2}\gamma,$$
$$\cos\alpha+\cos\beta+\cos\gamma=1+4\sin\tfrac{1}{2}\alpha\,.\,\sin\tfrac{1}{2}\beta\,.\,\sin\tfrac{1}{2}\gamma,$$

w. z. b. w.

§. 39. Lehrsatz.

Wenn drei Winkel $\alpha+\beta+\gamma=\pi$ sind, so ist die Summe ihrer Tangenten gleich dem Produkte derselben, d. h. es ist $\tan\alpha+\tan\beta+\tan\gamma=\tan\alpha\,.\,\tan\beta\,.\,\tan\gamma$.

Beweis. Wir fanden

$$\tan(n+p)=\frac{\tan n+\tan p}{1-\tan n\,.\,\tan p}.$$

Setzt man nun $n=\alpha+\beta$ und $p=\gamma$, so wird

$$\tan(\alpha+\beta+\gamma)=\frac{\tan(\alpha+\beta)+\tan\gamma}{1-\tan(\alpha+\beta)\,.\,\tan\gamma}$$

$$=\frac{\tan\alpha+\tan\beta+\tan\gamma-\tan\alpha\,.\,\tan\beta\,.\,\tan\gamma}{1-\tan\alpha\,.\,\tan\beta-\tan\alpha\,.\,\tan\gamma-\tan\beta\,.\,\tan\gamma}.$$

Ist nun $\alpha+\beta+\gamma=\pi$, so ist (nach §. 25.) $\tan\pi=0$, und also der Bruch rechts ebenfalls der Null gleich. Hieraus folgt

$$\tan\alpha+\tan\beta+\tan\gamma-\tan\alpha\,.\,\tan\beta\,.\,\tan\gamma=0,$$

demnach

$$\tan\alpha+\tan\beta+\tan\gamma=\tan\alpha\,.\,\tan\beta\,.\,\tan\gamma,$$

w. z. b. w.

Anmerkung. Es versteht sich wohl von selbst, daß dies Verhältniß der Tangenten für jede drei Winkel, deren Tangente $=0$ ist, also auch für $\alpha+\beta+\gamma=2\pi$, $\alpha+\beta+\gamma=3\pi$ u. s. w. statt findet.

§. 40. Lehrsatz.

Wenn die Summe dreier Winkel $\alpha+\beta+\gamma=\tfrac{1}{2}\pi$ ist, so ist die Summe ihrer Cotangenten gleich dem Produkte derselben.

Beweis. Wir fanden nach §. §. 22. und 23.

$$\cot(n+p) = \frac{\cot n . \cot p + 1}{\cot p + \cot n} = \frac{1 - \tang n . \tang p}{\tang n + \tang p}.$$

und wenn man ebenfalls $n = \alpha + \beta$ und $p = \gamma$ setzt, so ist

$$\cot(\alpha+\beta+\gamma)$$

$$= \frac{1 - \tang\alpha . \tang\beta - \tang\alpha . \tang\gamma - \tang\beta . \tang\gamma}{\tang\alpha + \tang\beta + \tang\gamma - \tang\alpha . \tang\beta . \tang\gamma}.$$

Da nun für $\alpha+\beta+\gamma = \frac{1}{2}\pi$, $\cot\frac{1}{2}\pi = 0$ ist, so hat man

$$1 - \tang\alpha . \tang\beta - \tang\alpha . \tang\gamma - \tang\beta . \tang\gamma = 0,$$

also

$$1 = \tang\alpha . \tang\beta + \tang\alpha . \tang\gamma + \tang\beta . \tang\gamma,$$

oder

$$1 - \tang\alpha . \tang\beta = (\tang\alpha + \tang\beta)\tang\gamma$$

und

$$\frac{1 - \tang\alpha . \tang\beta}{\tang\alpha + \tang\beta} = \tang\gamma.$$

Es ist aber (nach §. 23.) die Form links $= \frac{\cot\alpha . \cot\beta - 1}{\cot\beta + \cot\alpha}$, man hat also

$$\frac{\cot\alpha . \cot\beta - 1}{\cot\beta + \cot\alpha} = \tang\gamma,$$

und auch deren reciproke Werthe

$$\frac{\cot\beta + \cot\alpha}{\cot\alpha . \cot\beta - 1} = \cot\gamma.$$

Hieraus folgt

$$\cot\beta + \cot\alpha = \cot\alpha . \cot\beta . \cot\gamma - \cot\gamma,$$

und also

$$\cot\alpha + \cot\beta + \cot\gamma = \cot\alpha . \cot\beta . \cot\gamma,$$

w. z. b. w.

Nachdem bis jetzt nun die wichtigsten elementaren Relationen durchgenommen sind, die zwischen den trigonometrischen Functionen statt finden, soll folgende Aufgabe noch zeigen, wie sich jede dieser Functionen einzeln, durch jede der anderen ausdrücken lasse.

§. 41. Aufgabe.

Mit Hülfe der vier Gleichungen des §. 13., nämlich:

I. $\frac{\sin\alpha}{\cos\alpha} = \tang\alpha$, II. $\frac{\cos\alpha}{\sin\alpha} = \cot\alpha$, III. $\frac{1}{\cos\alpha} = \sec\alpha$,

IV. $\frac{1}{\sin\alpha} = \operatorname{cosec}\alpha$,

und der Hauptgleichung V. $\sin\alpha^2 + \cos\alpha^2 = 1$ soll jede Function von α durch jede der übrigen einzeln ausgedrückt, gefunden werden.

Auflösung. Nehmen wir noch die vier Gleichungen

M. $\tang\alpha = \frac{1}{\cot\alpha}$, *N.* $\cot\alpha = \frac{1}{\tang\alpha}$,

O. $\sec\alpha = \sqrt{(1 + \tang\alpha^2)}$ und *P.* $\operatorname{cosec}\alpha = \sqrt{(1 + \cot\alpha^2)}$ an, so ergeben sich die Resultate, wenn

A. Gegeben $\sin\alpha$.

a) $\sin\alpha = \sqrt{(1 - \cos\alpha^2)}$ aus V.

b) $\sin\alpha = \frac{\tang\alpha}{\sqrt{(1 + \tang\alpha^2)}}$ „ I., III., *O*.

c) $\sin\alpha = \frac{1}{\sqrt{(1 + \cot\alpha^2)}}$ „ IV., *P*.

d) $\sin\alpha = \frac{\sqrt{(\sec\alpha^2 - 1)}}{\sec\alpha}$ „ III., *O*.

e) $\sin\alpha = \frac{1}{\operatorname{cosec}\alpha}$ „ IV.

B. Gegeben $\cos\alpha$.

f) $\cos\alpha = \sqrt{(1 - \sin\alpha^2)}$ „ V.

g) $\cos\alpha = \frac{1}{\sqrt{(1 + \tang\alpha^2)}}$ „ III., *O*.

h) $\cos\alpha = \frac{\cot\alpha}{\sqrt{(1 + \cot\alpha^2)}}$ „ II., *C*.

i) $\cos\alpha = \frac{1}{\sec\alpha}$ „ III.

k) $\cos\alpha = \frac{\sqrt{(\operatorname{cosec}\alpha^2 - 1)}}{\operatorname{cosec}\alpha}$ „ II., IV., *P*.

C. Gegeben $\tan g\,\alpha$.

$l)\quad \tan g\,\alpha = \frac{\sin\alpha}{\sqrt{(1-\sin\alpha^2)}}$ aus I.

$m)\quad \tan g\,\alpha = \frac{\sqrt{(1-\cos\alpha^2)}}{\cos\alpha}$ " I.

$n)\quad \tan g\,\alpha = \frac{1}{\cot\alpha}$ " M.

$o)\quad \tan g\,\alpha = \sqrt{(\sec\alpha^2-1)}$ " O.

$p)\quad \tan g\,\alpha = \frac{1}{\sqrt{(\operatorname{cosec}\alpha^2-1)}}$ " *M.*, P.

D. Gegeben $\cot\alpha$.

$q)\quad \cot\alpha = \frac{\sqrt{(1-\sin\alpha^2)}}{\sin\alpha}$ " II.

$r)\quad \cot\alpha = \frac{\cos\alpha}{\sqrt{(1-\cos\alpha^2)}}$ " II.

$s)\quad \cot\alpha = \frac{1}{\tan g\,\alpha}$ " *N.*

$t)\quad \cot\alpha = \frac{1}{\sqrt{(\sec\alpha^2-1)}}$ " *N.*, *O.*

$u)\quad \cot\alpha = \sqrt{(\operatorname{cosec}\alpha^2-1)}$ " *P.*

E. Gegeben $\sec\alpha$.

$v)\quad \sec\alpha = \frac{1}{\sqrt{(1-\sin\alpha^2)}}$ " III.

$w)\quad \sec\alpha = \frac{1}{\cos\alpha}$ " III.

$x)\quad \sec\alpha = \sqrt{(1+\tan g\,\alpha^2)}$ " *O.*

$y)\quad \sec\alpha = \frac{\sqrt{(1+\cot\alpha^2)}}{\cot\alpha}$ " *O.*, *M.*

$z)\quad \sec\alpha = \frac{\operatorname{cosec}\alpha}{\sqrt{(\operatorname{cosec}\alpha^2-1)}}$ " *P.*

F. Gegeben $\operatorname{cosec}\alpha$.

$aa)\quad \operatorname{cosec}\alpha = \frac{1}{\sin\alpha}$ " I.

$bb)\quad \operatorname{cosec}\alpha = \frac{1}{\sqrt{(1-\cos\alpha^2)}}$ " I.

cc) $\operatorname{cosec}\alpha = \frac{\sqrt{(1 + \operatorname{tang}\alpha^2)}}{\operatorname{tang}\alpha}$ aus *P.*, *N.*

dd) $\operatorname{cosec}\alpha = \sqrt{(1 + \cot\alpha^2)}$ „ *P.*

ee) $\operatorname{cosec}\alpha = \frac{\sec\alpha}{\sqrt{(\sec\alpha^2 - 1)}}$ „ *O.*

§. 42. Gestaltung der trigonometrischen Functionen, wenn der Radius des Kreises, aus welchem sie hergeleitet werden, allgemein $= r$ gesetzt wird.

Wenn man, wie es bei der linearen Methode der Trigonometrie geschieht, die Winkelfunctionen nicht aus dem rechtwinkligen Dreiecke, sondern aus dem Kreise herleitet, so pflegt man allgemein den Radius dieses Kreises (Grundkreises) $= r$ zu setzen, und ihn auch so in die Rechnung einzuführen.

Damit der Schüler auch für diesen Fall die Form kenne, in welcher jene Functionen nun erscheinen, so wollen wir mit wenigen Worten ihn damit bekannt machen. Betrachtet man Fig. 6., so ergiebt sich augenblicklich, daß der Sinus und Cosinus eines Winkels mit dem Radius des Grundkreises ein rechtwinkliges Dreieck bilden, dessen Hypothenuse der Radius ist. Diesem nach geht die §. 4. gefundene Gleichung in $AE^2 + DE^2 = AD^2$ oder $\sin\alpha^2 + \cos\alpha^2 = r^2$ über, woraus man erhält

$$\sin\alpha = \sqrt{(r^2 - \cos\alpha^2)} \text{ und } \cos\alpha = \sqrt{(r^2 - \sin\alpha^2)}.$$

In Beziehung auf die Tangente hat man

$$AE : DE = AB : \operatorname{tang}\alpha$$

oder

$$\cos\alpha : \sin\alpha = r : \frac{r.\sin\alpha}{\cos\alpha},$$

also

$$\operatorname{tang}\alpha = \frac{r.\sin\alpha}{\cos\alpha}.$$

Ganz analog diesem Verfahren erhält man nun auch

$$\cot\alpha = \frac{r \cdot \cos\alpha}{\sin\alpha}.$$

Für die Sekante ergiebt sich die Proportion

$$AE:AD = AB:\sec\alpha$$

oder

$$\cos\alpha : r = r : \frac{r^2}{\cos\alpha},$$

wonach also

$$\sec\alpha = \frac{r^2}{\cos\alpha},$$

und ebenfalls nach der Analogie

$$\operatorname{cosec}\alpha = \frac{r^2}{\sin\alpha} \text{ ist.}$$

Der Sinusversus BE ist dann $= r - \cos\alpha$, und der Cosinusversus CH $= r - \sin\alpha$. Da der Radius das Maximum der Größe, welche der Sinus erreichen kann und stets einem Ganzen gleich ist, so pflegt man ihn wohl den sinus totus zu nennen, und man hat allemal

$$r = \sin\,\text{tot}$$

als völlig gleichbedeutende Begriffe anzunehmen.

Denken wir uns in Fig. 9. um den Punkt A mit zwei beliebigen Radien AD = R und AB = r concentrische Kreise beschrieben, so folgt aus der Aehnlichkeit der Dreiecke ABC, ADE, und wenn wir die Functionen für den Radius R mit Sin und Cos bezeichnen, daß

$$DE:BC = AD:AB \text{ oder } \operatorname{Sin}\alpha . \sin\alpha = R:r$$

und

$$AE:AC = AD:AB \text{ oder } \operatorname{Cos}\alpha : \cos\alpha = R:r,$$

Es ist also

$$\operatorname{Sin}\alpha = \frac{R}{r} . \sin\alpha \text{ und } \operatorname{Cos}\alpha = \frac{R}{r} . \cos\alpha.$$

Kennt man also den Sinus und Cosinus (und demnach auch alle übrigen Functionen) eines Winkels für irgend einen beliebigen Radius, so kann man daraus immer auch leicht den Sinus und Cosinus für jeden anderen Radius berechnen.

Nimmt man nun $r = 1$ an, so hat man $\mathrm{Sin}\,\alpha = R.\sin\alpha$ und $\mathrm{Cos}\,\alpha = R.\cos\alpha$, woraus hervorgeht, daß man einfach nur sämmtliche Functionen für den Radius $= 1$ zu kennen braucht, indem man dieselben für jeden anderen Radius leicht daraus berechnen kann. Es erscheint indessen nicht bloß einfacher, sondern sogar nothwendig, bei der Definition der trigonometrischen Functionen, wenn ihre Herleitung aus dem Kreise geschieht, den Radius desselben $= 1$ zu setzen, um mancherlei Inconsequenzen aus dem Wege zu gehen. Man muß nämlich nach dem vorigen, z. B. einen Sinus von α, der aus dem Kreise mit dem Radius $= r$ entlehnt ist, offenbar durch $r.\sin\alpha$ bezeichnen, wo stillschweigend schon $\sin\alpha$ selbst aus einem Kreise mit dem Radius $= 1$ genommen ist; man drückt also eine trigonometrische Linearfunction eines Kreises durch eine andere, aus einem anderen Kreise entnommen, aus, welches doch offenbar zu Verwirrungen Anlaß geben muß.

Für den Radius $= r$ sind dann auch die in den §. §. 6. und 7. gefundenen Formeln sämmtlich durch r zu dividiren, so daß man hat

$$\sin(\alpha + \beta) = \frac{\sin\alpha.\cos\beta + \cos\alpha.\sin\beta}{r} \text{ u. s. w.}$$

Die numerische Bestimmung der Functionen einiger speciellen Winkel des ersten Quadranten.

§. 43. Aufgabe.

Die Functionen des Winkels von 45° zu berechnen.

Auflösung. Aus der im §. 17. gefundenen Wahrheit, daß alle Functionen dieses Winkels mit ihren Cofunctionen gleich sind, und aus der Gleichung

$$(\sin 45^\circ)^2 + (\cos 45^\circ)^2 = 1$$

folgt

$$2(\sin 45^\circ)^2 = 2(\cos 45^\circ)^2 = 1$$

und hieraus

$$\sin 45^\circ = \cos 45^\circ = \sqrt{\tfrac{1}{2}} = 0{,}7071068\ldots$$

Die übrigen Functionen erhält man nach dem Früheren nun leicht, und zwar

$$\tang 45^\circ = \frac{\sin 45^\circ}{\cos 45^\circ} = 1,$$

$$\cot 45^\circ = \frac{\cos 45^\circ}{\sin 45^\circ} = 1,$$

$$\sec 45^\circ = \frac{1}{\cos 45^\circ} = \frac{1}{\sqrt{\frac{1}{2}}} = \frac{\sqrt{\frac{1}{2}}}{\frac{1}{2}} = 2\sqrt{\tfrac{1}{2}} = \sqrt{2}$$

$$= 1,4142136\ldots$$

$$\operatorname{cosec} 45^\circ = \frac{1}{\sin 45^\circ} = \sqrt{2}.$$

§. 44. Zusatz.

Da wir jetzt die Tangente und Cotangente von 45° dem Radius gleich gefunden haben (eine Behauptung, die sich auch leicht geometrisch zeigen läßt), so wollen wir diese Gelegenheit hier benutzen, um den Schüler noch mit einigen merkwürdigen Tangentenformeln vertraut zu machen, die hin und wieder, später bei der praktischen Anwendung dieser Lehren von Nutzen sein können. Nach §. 21. ist

$$\tang(45^\circ + \alpha) = \frac{\tang 45^\circ + \tang \alpha}{1 - \tang 45^\circ . \tang \alpha}.$$

Nach §. 22. aber

$$\tang(45^\circ - \alpha) = \frac{\tang 45^\circ - \tang \alpha}{1 + \tang 45^\circ . \tang \alpha}.$$

Beide Formeln lassen sich jetzt schreiben

$$\tang(45^\circ + \alpha) = \frac{1 + \tang \alpha}{1 - \tang \alpha},$$

$$\tang(45^\circ - \alpha) = \frac{1 - \tang \alpha}{1 + \tang \alpha}.$$

Subtrahirt man beide Gleichungen rechts und links, so hat man

$$\tang(45^\circ + \alpha) - \tang(45^\circ - \alpha) = \frac{1 + \tang \alpha}{1 - \tang \alpha} - \frac{1 - \tang \alpha}{1 + \tang \alpha}$$

$$= \frac{(1 + \tang \alpha)^2 - (1 - \tang \alpha^2)}{(1 - \tang \alpha)(1 + \tang \alpha)} = \frac{4 \tang \alpha}{1 - \tang \alpha^2}.$$

Es war aber

$$\tang 2\alpha = \frac{2\tang\alpha}{1-\tang\alpha^2} \quad (\S.\ 36.),$$

also ist

$$\tang(45^\circ+\alpha)-\tang(45^\circ-\alpha) = 2\tang 2\alpha.$$

§. 45. Aufgabe.

Man soll die Functionen des Winkels von 30° und seines Complementes von 60° numerisch berechnen.

Auflösung. Aus dem Satze

$$\sin\alpha = \tfrac{1}{2}\,\text{Sehne}\ 2\alpha \quad (\S.\ 28.),$$

und aus der geometrischen Betrachtung, daß zu einem Centriwinkel von 60° eine Sehne gleich dem Radius gehört, ergiebt sich augenblicklich, daß

$$\sin 30^\circ = \cos 60^\circ = \tfrac{1}{2} = 0{,}5$$

ist. Nach der Formel $\cos\alpha = \sqrt{(1-\sin\alpha^2)}$ findet man nun

$$\cos 30^\circ = \sqrt{(1-\tfrac{1}{4})} = \sqrt{\tfrac{3}{4}} = \tfrac{1}{2}\sqrt{3} = 0{,}8660254\ldots$$

Ferner

$$\tang 30^\circ = \frac{\sin 30^\circ}{\cos 30^\circ} = \frac{1}{\sqrt{3}} = \tfrac{1}{3}\sqrt{3} = 0{,}5773503\ldots.$$

$$\cot 30^\circ = \frac{\cos 30^\circ}{\sin 30^\circ} = \sqrt{3} = 1{,}7320508\ldots$$

$$\sec 30^\circ = \frac{1}{\cos 30^\circ} = \frac{2}{\sqrt{3}} = \tfrac{2}{3}\sqrt{3} = 1{,}1547005\ldots$$

$$\operatorname{cosec} 30^\circ = \frac{1}{\sin 30^\circ} = \frac{1}{\frac{1}{2}} = 2,$$

und somit auch alle Functionen des Winkels von 60°.

§. 46. Zusatz.

Aus den in §. 11. gefundenen Formeln

$$A.\quad \sin\alpha = \sqrt{\left(\frac{1-\cos 2\alpha}{2}\right)},$$

$$B.\quad \cos\alpha = \sqrt{\left(\frac{1+\cos 2\alpha}{2}\right)}$$

läßt sich nun finden

$$\sin 15^\circ = \sqrt{\left(\frac{1-\cos 30^\circ}{2}\right)} = \sqrt{\left(\frac{1-\frac{1}{2}\sqrt{3}}{2}\right)} = 0{,}2588190\ldots$$

$$\cos 15^\circ = \sqrt{\left(\frac{1+\cos 30^\circ}{2}\right)} = \sqrt{\left(\frac{1+\frac{1}{2}\sqrt{3}}{2}\right)} = 0{,}9659258\ldots$$

und hieraus könnte man nun weiter berechnen Sinus und Cosinus $\frac{15^\circ}{2} = 7^\circ\, 30'$; hieraus Sinus und Cosinus $\frac{15^\circ}{4} = 3^\circ 45'$, und so ferner die Functionen von $\frac{15^\circ}{8}, \frac{15^\circ}{16}, \frac{15^\circ}{32}$ u. s. w.

§. 47. Aufgabe.

Man soll die Functionen des Winkels von 18° und demnach auch die seines Complementes von 72° numerisch bestimmen.

Auflösung. Aus der ebenen Geometrie kennt man die Seite des regulären Zehnecks in Theilen des Radius 1 ausgedrückt

$$= \frac{-1+\sqrt{5}}{2},$$

und da der Centriwinkel des Zehnecks $= 36^\circ$ ist, so hat man in der halben Seite desselben, d. h. in

$$\frac{-1+\sqrt{5}}{4}$$

den Sinus des halben Centriwinkels $= 18^\circ$ gefunden.

Es ist also

$$\sin 18^\circ = \frac{-1+\sqrt{5}}{4} = \cos 72^\circ = 0{,}3090170\ldots.$$

Hieraus findet man

$$\cos 18^\circ = \sqrt{\left[1-\left(\frac{-1+\sqrt{5}}{2}\right)^2\right]} = \sqrt{\left[1-\left(\frac{5-2\sqrt{5}+1}{16}\right)\right]}$$

$$= \sqrt{\left(\frac{16-6+2\sqrt{5}}{16}\right)} = \sqrt{\left(\frac{10+2\sqrt{5}}{16}\right)}$$

$$= \tfrac{1}{4}\sqrt{(10+2\sqrt{5})} = 0{,}9510565\ldots.$$

Ferner

$$\operatorname{tang} 18^\circ = \frac{\frac{1}{4}(-1+\sqrt{5})}{\frac{1}{4}\sqrt{(10+2\sqrt{5})}} = \frac{-1+\sqrt{5}}{\sqrt{(10+2\sqrt{5})}} = 0{,}3249197\ldots.$$

$$\cot 18^\circ = \frac{\sqrt{(10+2\sqrt{5})}}{-1+\sqrt{5}} = 3{,}0776835\ldots.$$

$$\sec 18° = \frac{1}{\frac{1}{4}\sqrt{(10+2\sqrt{5})}} = \frac{4}{\sqrt{(10+2\sqrt{5})}} = 1{,}0514622\ldots.$$

$$\operatorname{cosec} 18° = \frac{1}{\frac{1}{4}(-1+\sqrt{5})} = \frac{4}{-1+\sqrt{5}} = 3{,}2360680\ldots.$$

Aus Sinus und Cosinus 18° lassen sich nun auch sin und cos 9°, sin und cos 4° 30′, sin und cos 2° 15′ u. s. w. finden.

§. 48. Aufgabe.

Man soll Sinus und Cosinus des Winkels von 3°, und demnach seines Complementes = 87° numerisch bestimmen.

Auflösung. Man hat

$$\sin 3° = \sin(18° - 15°) = \sin 18°.\cos 15° - \cos 18°.\sin 15°$$

und

$$\cos 3° = \cos(18° - 15°) = \cos 18°.\cos 15° + \sin 18°.\sin 15°.$$

Anmerkung. Wir unterlassen es, die weitläuftige Rechnung selbst auszuführen, indem es hinreichend ist, dem Schüler die Möglichkeit zu zeigen, wie man zu dem verlangten Resultate gelangen könne. Bemerkt sei nur noch, daß aus den bekannten sin und cos 3° auch diese Functionen für $\frac{3°}{2}$, $\frac{3°}{4}$, $\frac{3°}{8}$ u. s. w. gefunden werden können. Durch die Summationsformeln der §. §. 6. und 7. kann man überhaupt auf mannigfache Weise Sinus und Cosinus von gegebenen Winkeln, aus bekanntem Sinus und Cosinus herleiten. So ist z. B.

$$\sin 48° = \sin(72° + 60°) = \sin(45° + 3°)$$
$$\sin 84° = \sin(60° + 36°) = \sin(39° + 45°)$$

u. s. w.

§. 49. Von der Berechnung der trigonometrischen Functionen im Allgemeinen.

Wir haben bis jetzt nur allgemein die hauptsächlichsten Beziehungen zwischen den trigonometrischen Functionen entwickelt, ohne dem Winkel (oder Bogen) einen bestimmten numerischen Werth beizulegen. Es ist aber leicht einzusehen, daß, wenn die Trigonometrie in die Praxis eingreifen soll, man den numerischen Werth der Functionen jedes Winkels wirklich kennen, und augenblicklich bei der Hand haben muß. Dasselbe Bedürfniß, welches sich schon bei den Logarithmen der gewöhnlichen Zahlen aussprach, nämlich die Sammlung derselben in Tafeln, wurde auch bei der Trigonometrie laut, und führte zu ähnlichen Verzeichnissen, die unter dem Namen: trigonometrische Hülfstafeln bekannt sind. Die Berechnung dieser Tafeln ist eine noch viel weitläuftigere und schwierigere Arbeit als die Berechnung der Logarithmentafeln, wenigstens war sie es für ihre Berechner, welchen die Hülfsmittel der höhern Analysis noch größtentheils unbekannt waren, und es gehörte in der That ein Zeitraum von beinahe zweitausend Jahren dazu, um sie auf den Standpunkt zu bringen, auf welchem sie sich heute befinden. Es soll jetzt unser Geschäft sein, auf einem elementaren Wege zu zeigen, wie man die Functionen eines jeden Winkels von Graden, Minuten und Secunden berechnen konnte.

Bei allen diesen Berechnungen ist der Radius des Grundkreises $= 1$ angenommen, und man kann also die jetzt uns gestellte Aufgabe auch so einkleiden: das Verhältniß jeder trigonometrischen Function zur Einheit 1 zu ermitteln.

Vor allen Dingen müssen wir den Satz feststellen: je kleiner ein Winkel ist, desto näher fällt der Sinus mit dem Bogen, und der Cosinus mit dem Radius zusammen, d. h. für einen sehr kleinen Winkel α sind die Gleichungen

$$\sin\alpha = \text{Bogen}\,\alpha$$

und

$$\cos\alpha = 1$$

als identisch anzunehmen. Nehmen wir aber diesen Satz als hinreichend richtig an, so gilt auch der: bei sehr kleinen Bogen (oder Winkeln) verhalten sich dieselben wie ihre Sinus.

Auf diese Sätze uns stützend, können wir nun den Sinus eines Winkels von einer Minute nach folgender Operation finden. Nach §. 48. ist $\sin\frac{3^\circ}{4} = 45'$ zu berechnen; hieraus hat man aber $\sin\frac{45'}{2}$, $\sin\frac{45'}{4}$, $\sin\frac{45'}{8}$ etc., bis

$$\sin\frac{45'}{32} = 0{,}00040906153\ldots.$$

und

$$\sin\frac{45'}{64} = 0{,}00020453077\ldots.$$

gefunden, wo in der That der untere Sinus bis zur 10ten Decimalstelle die Hälfte des obern ist. Jetzt muß aber auch die Proportion:

$$\frac{45'}{64} : 1' = \sin\frac{45'}{64} : \sin 1'$$

oder

$$45' : 64' = 0{,}00020453077\ldots. : \sin 1',$$

stattfinden, woraus sich

$$\sin 1' = 0{,}000290888204\ldots.$$

ergiebt.

Aus $\sin 1'$ findet man nach der Formel

$$\cos\alpha = \sqrt{(1 - \sin\alpha^2)}$$

auch

$$\cos 1' = \sqrt{[1 - (\sin 1')^2]} = 0{,}999999957692\ldots..$$

Um aber die Sinus und Cosinus aller Winkel von Minute zu Minute zu finden, so nehme man die Formeln des §. 6., in welche man statt α nach und nach sämmtliche natürliche ganze Zahlen, und statt β immer 1 setzt. Hiernach findet man

$$\sin(1'+1') = \sin 2' = 0{,}000581776384\ldots$$
$$\sin(2'+1') = \sin 3' = 0{,}000872664515\ldots$$
$$\sin(3'+1') = \sin 4' = 0{,}001163552573\ldots$$
$$\sin(4'+1') = \sin 5' = 0{,}001454440533\ldots$$

u. s. w.

$$\cos(1'+1') = \cos 2' = 0{,}999999830768\ldots$$
$$\cos(2'+1') = \cos 3' = 0{,}999999619228\ldots$$

$$\cos(3'+1') = \cos 4' = 0{,}999999323072\ldots$$
$$\cos(4'+1') = \cos 5' = 0{,}999998942300\ldots$$

u. s. w.

Leicht ist einzusehn, daß man nur nöthig hatte, die Sinus und Cosinus der Winkel von 0° bis 45° zu berechnen, indem sich hieraus schon die Cofunctionen, d. h. die Functionen der Winkel von 45° bis 90° einfach ergeben.

§. 50. Zusatz.

Als Abkürzungsmittel der Berechnung der Sinus und Cosinus von 0° bis 45° kann man sich des folgenden Verfahrens bedienen:

Wir fanden in §. 30.

$$\sin(\alpha+\beta)+\sin(\alpha-\beta) = 2\sin\alpha.\cos\beta,$$
$$\cos(\alpha-\beta)-\cos(\alpha+\beta) = 2\sin\alpha.\sin\beta.$$

Setzt man nun $\alpha = 30°$, so daß $\sin\alpha = \frac{1}{2}$, so gehen diese Formeln über, in:

$$\sin(30°+\beta)+\sin(30°-\beta) = \cos\beta,$$
$$\cos(30°-\beta)-\cos(30°+\beta) = \sin\beta.$$

Hieraus folgt

$$\sin(30°+\beta) = \cos\beta - \sin(30°-\beta),$$
$$\cos(30°+\beta) = \cos(30°-\beta) - \sin\beta.$$

Nach diesen beiden Formeln lassen sich aus den bereits berechneten Sinus und Cosinus der Winkel von 0° bis 30° die Sinus und Cosinus der Winkel von 30° bis 45° äußerst leicht, nämlich durch eine gewöhnliche Subtraction ableiten.

Z. B. Man sucht $\sin 37°19'$, so ist $\beta = 7°19'$, folglich $\sin(30°+7°19')$ oder $\sin 37°19' = \cos 7°19' - \sin 22°41'$ $= 0{,}9918575 - 0{,}3856377 = 0{,}6062198 = \sin 37°19'$. Auf dieselbe Weise ergiebt sich

$$\cos 37°19' = \cos 22°21' - \sin 7°19' \text{ u. s. w.}$$

Selbst bei der Berechnung der Sinus und Cosinus von 0° bis 30° kann man einen analytischen Kunstgriff anwenden, der um vieles kürzer zum Ziele führt. Nämlich: Nach §. 30. ist

$$\sin x + \sin y = 2 \sin \tfrac{1}{2}(x+y) . \cos \tfrac{1}{2}(x-y),$$
$$\sin x - \sin y = 2 \sin \tfrac{1}{2}(x-y) . \cos \tfrac{1}{2}(x+y).$$

Setzt man nun $x + y = 90°$, wonach denn y das Complement von x ist, so wird $\sin y = \cos x$, und $\frac{1}{2}(x+y) = 45°$.

Es war aber

$$\sin 45° = \cos 45° = \tfrac{1}{2}\sqrt{2},$$

demnach geht die erste dieser Formeln über, in:

$$\text{I.} \quad \sin x + \cos x = 2 . \tfrac{1}{2} . \sqrt{2} . \cos \tfrac{1}{2}(x-y)$$
$$= \sqrt{2} . \cos \tfrac{1}{2}(x-y).$$

Denkt man sich ferner von $\frac{1}{2}(x+y) = 45°$ den Posten $+x$ subtrahirt, so bleibt

$$\tfrac{1}{2}(y-x) = 45° - x,$$

also

$$\cos \tfrac{1}{2}(y-x) = \cos(45° - x)$$

und

$$\cos \tfrac{1}{2}(x-y) = \cos(45° - x) \ ^{*}),$$

also

$$\cos \tfrac{1}{2}(y-x) = \cos \tfrac{1}{2}(x-y).$$

Nach gehöriger Substitution wird dann die Gleichung I.

$$\text{II.} \quad \sin x + \cos x = \sqrt{2} . \cos(45° - x).$$

Bei derselben Annahme geht aber die zweite Gleichung $\sin x - \sin y =$ etc. über, in:

$$\text{III.} \quad \sin x - \cos x = \sqrt{2} . \sin \tfrac{1}{2}(x-y).$$

Nun ist

$$\tfrac{1}{2}(y-x) = (45° - x),$$

also

$$\sin \tfrac{1}{2}(y-x) = \sin(45 \ \ - x)$$

und

$$\sin \tfrac{1}{2}(x-y) = - \sin(45° - x).$$

---

*) Man übersehe nicht, daß wenn $\frac{1}{2}(x-y)$ eine positive Zahl ist, daß dann $\frac{1}{2}(y-x)$ negativ genommen wird. Da aber die Cosinus eines positiven und eines ihm gleichen negativen Winkels auch in der Verzeichnung gleich sind, so kann, wie oben geschieht, $\cos \frac{1}{2}(y-x) = \cos \frac{1}{2}(x-y)$ gesetzt werden. Bei den Sinus solcher Winkel hat man den des negativen auch negativ zu nehmen, so daß dann $\sin \frac{1}{2}(y-x) = - \sin \frac{1}{2}(x-y)$ sein muß.

Nach Substitution wird die Gleichung III.

$$\sin x - \cos x = -\sin(45^\circ - x) \cdot \sqrt{2}$$

oder

$$\text{IV.} \quad \cos x - \sin x = \sin(45^\circ - x) \cdot \sqrt{2}.$$

Subtrahirt man IV. von II., so erhält man

$$2 \sin x = [\cos(45^\circ - x) - \sin(45^\circ - x)] \cdot \sqrt{2}$$

oder

$$\sin x = [\cos(45^\circ - x) - \sin(45^\circ - x)] \cdot \tfrac{1}{2}\sqrt{2}$$

oder

$$\sin x = \frac{\cos(45^\circ - x) - \sin(45^\circ - x)}{\sqrt{2}}.$$

Addirt man II. und IV., so ergiebt sich auf ähnliche Weise:

$$\cos x = \frac{\cos(45^\circ - x) + \sin(45^\circ - x)}{\sqrt{2}}$$

Bedeutet in den beiden gefundenen Formeln x irgend einen Winkel zwischen $22\frac{1}{2}^\circ$ und 30°, so lassen sich aus den schon berechneten Sinus und Cosinus von 0° bis $22\frac{1}{2}^\circ$ leicht dieselben Functionen der Winkel von $22\frac{1}{2}^\circ$ bis 30° berechnen. Wir wollen dies an einem Beispiele deutlich machen.

Gesetzt, man suchte $\sin 24^\circ$. Hier ist also $x = 24^\circ$ und demnach $(45^\circ - x) = 21^\circ$.

Nach der ersten Formel hat man

$$\sin 24^\circ = \frac{\cos 21^\circ - \sin 21^\circ}{1{,}4142136\ldots} = \frac{0{,}9335804 - 0{,}3583679}{1{,}4142136\ldots}$$

$$= \frac{0{,}5752125}{1{,}4142136\ldots} = 0{,}4067366\ldots$$

Nach der zweiten

$$\cos 24^\circ = \frac{\cos 21^\circ + \sin 21^\circ}{1{,}4142136\ldots} = \frac{1{,}2919483}{1{,}4142136} = 0{,}9135454.$$

§. 51. Zusatz.

So haben wir nun wenigstens die Möglichkeit gezeigt, daß man die Functionen aller Winkel von Minute zu Minute bestimmen konnte. Die Tafeln welche die Zahlenwerthe derselben enthalten (und zwar gewöhnlich nur die der Sinus,

Cosinus, Tangenten und Cotangenten) heißen: die Tafeln der natürlichen trigonometrischen Functionen, zum Unterschiede von denen, welche die Logarithmen der Functionen enthalten, und: Tafeln der künstlichen trigonometrischen Functionen genannt werden. In Beziehung auf die einzelnen Sekunden der Winkel (oder Bögen) hat man wieder den nur näherungsweise richtigen Satz: die sehr kleinen Aenderungen der Winkel verhalten sich wie die Aenderungen ihrer Functionen angenommen, und bei der Function jedes Winkels bis auf Minuten, die Aenderung für eine Sekunde beigesetzt. Beim praktischen Gebrauch der Tafeln hat man nun diese Differenz für eine Sekunde (D. 1″) mit der Anzahl der beim Winkel sich vorfindenden Sekunden zu multipliziren, und zur nächst kleineren Function zu addiren, wenn es ein Sinus, oder eine Tangente, zu subtrahiren, wenn es ein Cosinus oder eine Cotangente war, die man suchte. Die Idee ist nämlich folgende:

Gesetzt man suchte $\sin 28^\circ\, 16'\, 4''$, so ist

$$\sin 28^\circ\, 16' = 0{,}4735759$$
$$\sin 28^\circ\, 17' = 0{,}4738321$$

Winkeldifferenz 1′, Sinusdifferenz 2562.

Wächst also der Winkel 28° 16′ um eine Minute, so wächst der zugehörige Sinus um 0,0002562; wächst aber der Winkel nur um 4 Sekunden, so wächst der zugehörige Sinus auch nur um $\frac{4}{60}$ von 0,0002562, d. h. um 0,00001708 oder um 0,0000171, und es ist

$$\sin 28^\circ\, 16'\, 4'' = 0{,}4735759 + 0{,}0000171$$
$$= 0{,}4735930.$$

In den größeren Tafeln findet man in der Columne D. 1″ nur $\frac{1}{60} = 0{,}0000427$ berechnet, und zwar steht es dort als 42,70, wobei also ein für allemal zu merken, daß die sich in der Differenz vorfindenden Ganzen eigentlich nur Zehnmilliontel sind, und daß man die achte und neunte Dezimalstelle noch mit berechnet hat, um bei der Multiplikation mit der beim Winkel gegebenen Sekundenzahl, noch Einheiten höherer Ordnungen in die siebente Dezimalziffer übertragen zu können.

Suchte man etwa

$$\cot 19^\circ\, 27'\, 34'',$$

so ergiebt sich

$$\cot 19^\circ\, 27' = 2{,}8317639$$

Diff. $1'' = 436{,}88$

und Diff. $1'' \times 34 = 436{,}88 \times 34 =$ 4854 subtrahirt

$$\cot 19^\circ\, 27'\, 34'' = 2{,}8302785.$$

Anmerkung. Wie man bei kleineren trigonometrischen Tafeln (z. B. den Grüson'schen, welche beim Offiziersexamen in der Königl. Preuß. Armee zum Grunde gelegt werden) die Functionen der Winkel findet, wollen wir dem Schüler im §. 53. von der Interpolation zeigen.

§. 52. Die Logarithmation der trigonometrischen Functionen.

Bei Betrachtung einer großen Menge der bis jetzt entwickelten trigonometrischen Formeln wird man bemerken, daß bei der Substitution ihrer Zahlenwerthe sich manche mühsame Rechnungen bilden würden, welche durch Anwendung der Logarithmen bedeutend erleichtert werden könnten. Dies führte schon in früherer Zeit auf die Idee, die Logarithmen sämmtlicher natürlichen trigonometrischen Functionen zu berechnen, sie in Tafeln zu bringen, und gleich den gemeinen Logarithmen zu gebrauchen. Da indessen bei einem Radius $= 1$ die meisten Functionen echte Brüche, mithin ihre Logarithmen negativ sein würden, so fühlte man bald das Bedürfniß dem Radius eine solche Menge von Theilen zu geben, daß jede trigonometrische Function noch durch eine ganze Menge dieser Theile auszudrücken sei, also einen positiven Logarithmus habe. Zu diesem Zwecke dachte man sich jede trigonometrische Function in Theilen des Radius ausgedrückt, wenn derselbe 10 000 000 000 davon besäße, und berechnete nun ihre Logarithmen.

Es leuchtet ein, daß auf diese Weise alle natürlichen Functionen mit der Zahl Zehntausendmillion multiplizirt werden müssen, um die neuen künstlichen Functionen zu erhalten, so daß, wenn der Radius $= 1$ ist, und man $\sin 43° = 0{,}6819984$ hat, für den Radius $= 10000000000$ auch $\sin 43° = 6819984000$ wird.

Es ist aber

$$\log 10000000000 = 10$$

und

$$\log 6819984000 = 9{,}8337833 \ldots.$$

Man kann nun auch umgekehrt, den Logarithmus des natürlichen Sinus aus dem gegebenen künstlichen Logarithmus desselben nach folgender Betrachtung finden: Den künstlichen Radius muß man durch 10 000 000 000 dividiren, um den natürlichen zu bekommen, also muß man nach der Theorie der Logarithmen, vom künstlichen Logarithmus die Zahl 10 subtrahiren, um den Logarithmus für $r = 1$ zu erhalten.

Ist z. B.

$$\log \sin 43° = 9{,}8337833$$

für den künstlichen Radius, so ist

$$9{,}8337833 - 10 = 0{,}8337833 - 1$$

der Logarithmus desselben Sinus für den Radius 1, und

$$\sin 43° = \text{num. log. } 0{,}8337833 - 1 = 0{,}6819984 \ldots.$$

§. 53. Von der Interpolation der trigonometrischen Tafeln, und von der Sicherheit mit der es ohne allzugroße Ungenauigkeit geschehen kann.

Die Art der Interpolation, wie sie in §. 51. gelehrt wurde, ist nur bei Tafeln anwendbar, welche die Differenzen für eine Sekunde enthalten. In kleineren Tafeln, wo die

Winkelfunctionen nur von 10 zu 10 Minuten berechnet sind, muß man ein etwas weitläuftigeres Verfahren anwenden, um sie für Sekunden zu erhalten. Nehmen wir z. B. die kleinen, in der Stuhr'schen Buchhandlung in Berlin erschienenen Gruson'schen Tafeln. Soll durch sie etwa gesucht werden

$$\log \cos 26° \; 15' \; 43'',$$

so ist folgende Operation nöthig: Man suche zuerst

$$\log \cos 26° \; 20' = 9{,}9524188$$

und dann

$$\log \cos 26° \; 10' = 9{,}9530418.$$

Nun liegt log cos 26° 15′ zwischen beiden, und demnach setze man an

$$10' : 5' = -6230 : x,$$

wo

$$x = \frac{-6230 \times 5}{10} = -3115$$

sich findet. Dies x addire man zu log cos 26° 10′ (oder ziehe es ab, da es negativ ist), so ergiebt sich

$$\log \cos 26° \; 15' = 9{,}9527303.$$

Auf dieselbe Weise findet man

$$\log \cos 26° \; 16',$$

indem man sagt

$$10' : 6' = -6230 : x,$$

wo

$$x = \frac{-6230 \times 6}{10} = -3738,$$

und also

$$\log \cos 26° \; 16' = 9{,}9526680$$

ist. Jetzt hat man

$$\log \cos 26° \; 16' = 9{,}9526680,$$
$$\log \cos 26° \; 15' = 9{,}9527303,$$

und da log cos 26° 15′ 43″ zwischen beiden gefundenen liegt, so hat man wieder

$$60'' : 43'' = -623 : x,$$

also

$$x = \frac{43 \times -623}{60} = -446,$$

und endlich

$$\log \cos 26^\circ\, 15'\, 43'' = 9{,}9526857,$$

wenn man —446 zum log cos 26° 15′ addirt.

Umgekehrt findet man zu dem gegebenen Logarithmus einer Function den zugehörigen Winkel auf nachstehendem Interpolationswege:

In größeren Tafeln, welche die Winkel von Minute zu Minute enthalten, hat man den nächst kleineren Logarithmus, dann seine Differenz zwischen dem gegebenen zu nehmen, und diese erhaltene Differenz durch die beim nächst kleineren Logarithmus stehende Differenz für 1″ zu dividiren, den Quotienten aber zum nächst kleineren Winkel zu addiren, wenn der Logarithmus einer Function; zu subtrahiren, wenn der Logarithmus einer Cofunction von ihm gegeben war.

Z. B. Es sei $\log \sin x = 9{,}6389576$ gegeben; man soll x finden.

Der nächst kleinere Logarithmus, den man in den Tafeln findet, ist 9,6387199, und dazu gehört der Winkel 25° 48′.

Man hat also:

$$\begin{array}{lcl} \log \sin x & = & 9{,}6389576 \\ \log \sin 25^\circ\, 48' & = & 9{,}6387199 \\ \hline \end{array}$$

$$\text{Diff. } 1'' = 4354 \,\big|\, 237700 \,\big|\, 54{,}5''$$
$$\begin{array}{r} \underline{20000} \\ 25840 \end{array}$$

Diese 54,5″, wofür man ebenso gut 55″ schreiben kann, addirt man zum Winkel 25° 48′, und erhält demnach

$$x = 25^\circ\, 48'\, 55''.$$

Bei kleineren Tafeln, welche die Winkel nur von 10 zu 10 Minuten enthalten, hat man folgendes Verfahren anzuwenden:

Sei gegeben

$$\log \tan g\, x = 9{,}8625439,$$

so gehört zu

9,8639152 der Winkel 36° 10′,
9,8625439 der Gesuchte

und zu

9,8612610 der Winkel 36° 0′.

Da der gegebene Logarithmus zwischen beiden liegt, so hat man

$$26542 : 12829 = 10' : x$$

also

$$x = \frac{10 \times 12829}{26542} = 4,833 \ldots$$

wonach der gesuchte Winkel = 36° 4′ 49″ ist.

Die Unterschiede der nächst größeren und nächst kleineren Logarithmen findet man in diesen Tafeln schon berechnet, und in der Rubrik: „Unt.″ den betreffenden Logarithmen beigesetzt.

Vergleicht man die durch Interpolation aus den kleineren Tafeln gefundenen Resultate mit denen, welche man aus größeren erhielt, so wird sich stets eine Differenz derselben ergeben, und zwar weichen die gefundenen Logarithmen in den beiden letzten Decimalstellen von einander ab. Man wird sich also bei Interpolation aus kleinen Tafeln nur auf fünf Bruchstellen gewiß verlassen können, weshalb es völlig zwecklos erscheint, bei so abgekürzten Tafeln die trigonometrischen Functionen und ihre Logarithmen in mehr als fünf Bruchstellen zu geben. Auf alle Fälle steht aber fest, daß durch Interpolation nie ein genaues Resultat erhalten werden kann, und zwar richtet sich die mehr oder mindere Genauig- nach der Größe der gegebenen Winkel.

§. 54. Zusatz.

Vergleicht man die numerisch gefundenen Werthe der trigonometrischen Functionen von Winkeln, die um gleiches wachsen, und betrachtet man auch in Fig. 10. die geometrische Construction derselben, so wird man folgendes finden:

1) Die Differenzen der Sinus (bi, ck, dl...) und die der Cosinus (ef, fg, gh...) bleiben sich ziemlich gleich

bei allen Winkeln von 0° bis 90°, wenn sie gleiche Zuwachse (a A b, b A c, c A d ...) erleiden.

2) Die Differenzen der Tangenten (m n, n o, o p ...) werden desto ungleicher, je mehr sich der Winkel den 90° nähert.

3) Bei den Differenzen der Cotangenten (q r, r s, s t ...) ist dies gerade umgekehrt der Fall.

Man kann also bei Sinus und Cosinus mit ziemlich gleicher Sicherheit durch den ganzen Quadranten, bei Tangenten nur etwa bis $\frac{1}{4}\pi$ und bei Cotangenten von $\frac{1}{4}\pi$ bis $\frac{1}{2}\pi$ interpoliren.

Bei Tangenten und Cotangenten kann man eine solche unsichere Interpolation oft dadurch vermeiden, daß man statt der einen Function, ihren reciproken Werth, d. h. die andere Function in Rechnung bringt. Hätte man z. B.

$$\tang \alpha = \frac{a}{b},$$

und es ist a bedeutend größer als b, so ist $\frac{a}{b} > 1$, also $\alpha > 45°$ (da nach §. 43 $\tang 45° = 1$ ist), und demnach kann der Winkel in einer Region liegen, in der das Interpoliren sehr unsicher wird. Nun ist aber

$$\tang \alpha = \frac{1}{\cot \alpha} \quad (§. 41. \ C. \ n.)$$

und demnach

$$\cot \alpha = \frac{b}{a} < 1,$$

wodurch man nun in die Region der Winkel gekommen ist, in welcher eine sichere Interpolation der Cotangenten stattfinden kann.

Zweiter Abschnitt.

Anwendung der bei den trigonometrischen Functionen stattfindenden allgemeinen Gesetze auf ebene geradlinigte Dreiecke und regelmäßige Polygone.

A. Gesetze bei geradlinigten Dreiecken.

§. 55. Willkührlicher Satz.

Von jetzt an sollen, so lange es nicht anders bestimmt wird, unter α, β, γ ein für allemal drei Winkel eines ebenen geradlinigten Dreiecks verstanden werden, so daß demnach $\alpha+\beta+\gamma=\pi$, $\sin\alpha=\sin(\beta+\gamma)$, $\cos\alpha=-\cos(\beta+\gamma)$ u. s. w. ist.

§. 56. Lehrsatz.

In jedem rechtwinkligen Dreiecke ABC, Fig. 2., ist das Verhältniß zweier Seiten auf ein solches zu bringen, dessen eines Glied trigonometrische Function eines darin enthaltenen spitzen Winkels, dessen anderes aber die Einheit 1 ist.

Beweis. Sämmtliche darin vorkommende Seitenverhältnisse können sein:

1)	a : b	4)	b : a
2)	a : c	5)	c : a
3)	b : c	6)	c : b

und nun hat man

$$a:b = \frac{a}{a} : \frac{b}{a} = \frac{a}{b} : \frac{b}{b} = 1 : \tang \alpha = \cot \alpha : 1$$

$$a:c = \frac{a}{a} : \frac{c}{a} = \frac{a}{c} : \frac{c}{c} = 1 : \sec \alpha = \cos \alpha : 1$$

$$b:c = \frac{b}{b} : \frac{c}{b} = \frac{b}{c} : \frac{c}{c} = 1 : \operatorname{cosec} \alpha = \sin \alpha : 1$$

so wie ferner

$$b : a = 1 : \cot \alpha = \tang \alpha : 1$$

$$c : a = 1 : \cos \alpha = \sec \alpha : 1$$

$$c : b = 1 : \sin \alpha = \operatorname{cosec} \alpha : 1$$

w. z. b. w.

§. 57. Lehrsatz.

In jedem Dreiecke ABC Fig. 11. ergiebt sich die Gleichheit der beiden Produkte, wenn man die Sinus zweier, einer und derselben Seite anliegenden Winkel bezüglich mit der andern ihn einschließenden Seite multiplizirt, d. h. es ist allemal

$$\odot \begin{cases} 1) \; c \,.\, \sin \beta = b \,.\, \sin \gamma, \\ 2) \; a \,.\, \sin \gamma = c \,.\, \sin \alpha, \\ 3) \; b \,.\, \sin \alpha = a \,.\, \sin \beta. \end{cases}$$

Beweis. Zum Beweise von No. 1. ziehe man die Höhe $AD = h$, so ist

$$\frac{h}{c} = \sin \beta, \quad \text{also} \quad h = c \,.\, \sin \beta$$

und auch

$$\frac{h}{b} = \sin \gamma, \quad \text{also} \quad h = b \,.\, \sin \gamma,$$

demnach

$$c \,.\, \sin \beta = b \,.\, \sin \gamma,$$

w. z. b. w.

Auf dieselbe einfache Weise ergiebt sich die Richtigkeit der No. 2. und 3., wenn man die beiden anderen Höhen zieht.

§. 58. Lehrsatz.

Jede Seite eines Dreiecks läßt sich als eine Summe zweier Produkte darstellen, deren Factoren der Cosinus des anliegenden Winkels, bezüglich mit der anliegenden Seite multiplizirt, sind, d. h. es ist stets

$$\mathfrak{C}\begin{cases} 1)\ a = c.\cos\beta + b.\cos\gamma, \\ 2)\ b = a.\cos\gamma + c.\cos\alpha, \\ 3)\ c = b.\cos\alpha + a.\cos\beta. \end{cases}$$

Beweis. In Fig. 11. ist

$$BD + DC = a,$$

aber

$$BD = c.\cos\beta \quad \text{und} \quad DC = b.\cos\gamma,$$

also

$$c.\cos\beta + b.\cos\gamma = a.$$

Analog beweis't man die Behauptungen von No. 2. und 3.

Ist γ wie in Fig. 12. ein stumpfer Winkel, so hat man

$$BD - DC = a,$$

aber

$$BD = c.\cos\beta$$

und

$$DC = b.\cos ACD = b.-\cos\gamma = -b.\cos\gamma,$$

also auch

$$a = c.\cos\beta + b.\cos\gamma,$$

wie vorher.

Ist γ ein rechter Winkel, so ist $\cos\gamma = 0$, und die Gleichung 1. geht dann über in

$$c.\cos\beta = a,$$

woraus folgt

$$\frac{a}{c} = \cos\beta,$$

wie schon aus der Definition des Cosinus hervorgeht.

§. 59. Zusatz.

Aus den Gleichungen 1., 2., 3., ⊙ geht ferner augenblicklich hervor:

$$b = \frac{c.\sin\beta}{\sin\gamma} \text{ also } \frac{b}{c} = \frac{\sin\beta}{\sin\gamma} \text{ und } \sin\beta = \frac{b.\sin\gamma}{c},$$

$$c = \frac{b.\sin\gamma}{\sin\beta} \quad " \quad \frac{c}{b} = \frac{\sin\gamma}{\sin\beta} \quad " \quad \sin\gamma = \frac{c.\sin\beta}{b},$$

$$a = \frac{c.\sin\alpha}{\sin\gamma} \quad " \quad \frac{a}{c} = \frac{\sin\alpha}{\sin\gamma} \quad " \quad \sin\alpha = \frac{a.\sin\gamma}{c},$$

$$c = \frac{a \cdot \sin\gamma}{\sin\alpha} \text{ also } \frac{c}{a} = \frac{\sin\gamma}{\sin\alpha} \text{ und } \sin\gamma = \frac{c \cdot \sin\alpha}{a},$$

$$b = \frac{a \cdot \sin\beta}{\sin\alpha} \quad " \quad \frac{b}{a} = \frac{\sin\beta}{\sin\alpha} \quad " \quad \sin\beta = \frac{b \cdot \sin\alpha}{a},$$

$$a = \frac{b \cdot \sin\alpha}{\sin\beta} \quad " \quad \frac{a}{b} = \frac{\sin\alpha}{\sin\beta} \quad " \quad \sin\alpha = \frac{a \cdot \sin\beta}{b},$$

$$\frac{c}{\sin\gamma} = \frac{b}{\sin\beta} = \frac{a}{\sin\alpha}.$$

In den Gleichungen 1., 2., 3., ⊙ liegt eine Lösung der Aufgabe: eine Gleichung zwischen zwei Seiten und ihren Gegenwinkeln zu finden. Späterhin wird sich noch eine andere ergeben; beide aber sind von ungemeiner praktischer Wichtigkeit.

§. 60. Lehrsatz.

In jedem Dreiecke ABC Fig. 11. verhalten sich 2 Seiten zu einander, wie die Sinus ihrer Gegenwinkel, d. h. es verhält sich

$$1)\quad c : b = \sin\gamma : \sin\beta,$$

$$2)\quad a : c = \sin\alpha : \sin\gamma,$$

$$3)\quad b : a = \sin\beta : \sin\alpha.$$

Beweis. Die Richtigkeit dieser 3 Proportionen ergiebt sich unmittelbar aus den drei Formeln 1., 2., 3. des §. 57., indem man nach Sätzen der Proportionslehre aus vier Zahlen, von denen zwei und zwei gleiche Produkte geben, eine Proportion bilden kann, indem man die beiden Factoren des einen Produktes zu äußeren, die des anderen Produktes zu inneren Gliedern derselben setzt.

Da dieser Satz für die Berechnung der Dreiecke von der äußersten Wichtigkeit ist, so wollen wir noch einige andere sinnreiche Beweise mit Hülfe geometrischer Figuren zeigen.

I. Denkt man sich um das Dreieck ABC Fig. 13. einen Kreis beschrieben, und seinen Mittelpunkt M mit allen Winkelspitzen verbunden, so ist

$$\angle BCA = \tfrac{1}{2} \angle BMA,$$
$$\angle ABC = \tfrac{1}{2} \angle AMC.$$

Nun verhält sich aber

$$AB:AC = \frac{AB}{2} : \frac{AC}{2}$$

und da $\frac{AB}{2}$ nach §. 28. $= \sin \tfrac{1}{2} \angle BMA = \sin \angle BCA$ und

$$\frac{AC}{2} = \sin \tfrac{1}{2} \angle AMC = \sin \angle ABC$$

ist, so folgt gleich

$$AB:AC = \sin \angle BCA : \sin \angle ABC.$$

II. Man schlage um B und C Fig. 14. mit gleichen Halbmessern Kreise, ziehe die Höhe AD und fälle von den Durchschnittspunkten der Seiten AB, AC mit den Kreisen, die Perpendikel EF und GH. Nun verhält sich

$$AB:BE = AD:EF \text{ und}$$
$$GC:AC = GH:AD$$
$$\overline{AB:AC = GH:EF = \sin\gamma : \sin\beta}$$

da beide Radien einander und der Einheit 1 gleich gesetzt, so sind nach früherem GH und EF die Träger der Sinuswerthe von γ und β.

Auf dieselbe Art zeigt man dann die Verhältnisse der anderen Seiten.

III. Denkt man sich um das Dreieck ABC Fig. 15. einen Kreis beschrieben, von B aus den Durchmesser BD gezogen, A mit D verbunden, und durch den Mittelpunkt E, EF $\#$ AD gelegt, so hat man in dem rechtwinkligen Dreiecke BFE

$$\angle BEF = \angle BDA = \angle BCA,$$

also

$$\sin \angle BEF = \sin \angle BDA = \angle BCA$$
$$= \frac{BF}{BE} = \frac{BA}{BD}$$

Setzt man den Radius BE $= 1$, so ist, wie leicht zu sehen,

$$\sin \angle BCA = BF.$$

und

$$2\sin\angle BCA = BA$$

Nimmt man aber den Durchmesser $BD = 1$, so ist natürlich

$$\sin\angle BCA = BA.$$

Hieraus geht also hervor: die Seiten eines Dreiecks können, wenn sie in Zahlen ausgedrückt sind, als doppelte Sinus der Gegenwinkel (die halben Seiten also als Sinus, wie in No. 1. dieses §.), oder als die Sinus dieser Winkel selbst betrachtet werden, jenachdem man den Radius oder den Durchmesser des umschriebenen Kreises der Einheit 1 gleich setzt. Demnach hätte man bei der letzteren Annahme

$$AB : AC = 2\sin\angle BCA : 2\sin\angle ABC$$

oder

$$AB : AC = \sin\angle BCA : \sin\angle ABC.$$

§. 61. Zusatz.

Betrachtet man die Zahlenwerthe der Seiten eines Dreiecks als Sinus der Gegenwinkel, d. h. setzt man den Durchmesser des umschriebenen Kreises $= 1$, so läßt sich hiernach die Formel I. des §. 6. auf geometrischem Wege folgendermaßen herleiten: Sind ABC und CBD zwei Winkel $= \alpha$ und $= \beta$, und ist $\alpha > \beta$, Fig. 16., so ziehe man durch einen beliebigen Punkt E des gemeinschaftlichen Schenkels eine Senkrechte bis zum Schnitt mit den beiden andern Schenkeln in F und G, beschreibe um FBG einen Kreis, und verbinde den Punkt H mit F und mit G.

Nimmt man jetzt den Durchmesser des Kreises als Einheit an, so ist

$$FH = \sin\alpha, \qquad GH = \sin\beta,$$

$BF = \sin\angle BGF = \cos\beta$ (weil β das Complement von BGF),
$BG = \sin\angle BFG = \cos\alpha$ (aus eben dem Grunde).
Nun ist

$$\frac{FE}{BF} = \frac{FE}{\cos\beta} = \sin\alpha \quad \text{und} \quad \frac{EG}{BG} = \frac{EG}{\cos\alpha} = \sin\beta,$$

also $FE = \sin\alpha . \cos\beta$ also $EG = \cos\alpha . \sin\beta$.

Man hat aber

$$FG = \sin \angle FBG = \sin(\alpha + \beta),$$

und da

$$FG = FE + EG$$

ist, so folgt

$$\sin(\alpha + \beta) = \sin\alpha . \cos\beta + \cos\alpha . \sin\beta$$

§. 62. Der allgemeinere Pythagoräische Lehrsatz.

In jedem Dreiecke ist das Quadrat einer Seite gleich der Summe der Quadrate der beiden anderen Seiten, weniger dem doppelten Produkte dieser beiden Seiten, multiplizirt mit dem Cosinus des von ihnen eingeschlossenen Winkels, d. h. in jedem Dreiecke ist:

$$1)\ a^2 = b^2 + c^2 - 2bc . \cos\alpha,$$

$$2)\ b^2 = a^2 + c^2 - 2ac . \cos\beta,$$

$$3)\ c^2 = a^2 + b^2 - 2ab . \cos\gamma.$$

Beweis. In §. 57. fanden wir

$$b . \sin\alpha = a . \sin\beta,$$

woraus sich ergiebt

$$\text{I.}\quad b^2 . \sin\alpha^2 = a^2 . \sin\beta^2.$$

In §. 58. ergab sich

$$c = b . \cos\alpha + a . \cos\beta,$$

woraus hervorgeht

$$c - a . \cos\beta = b . \cos\alpha$$

und

$$c^2 - 2ac . \cos\beta + a^2 . \cos\beta^2 = b^2 . \cos\alpha^2$$

oder

$$\text{II.}\quad b^2 . \cos\alpha^2 = c^2 - 2ac . \cos\beta + a^2 . \cos\beta^2.$$

Addirt man nun I. und II., so erhält man

$$b^2(\cos\alpha^2 + \sin\alpha^2) = c^2 - 2ac . \cos\beta + a^2(\cos\beta^2 + \sin\beta^2).$$

Es sind aber die in den Klammern stehenden Factoren (nach §. 4.) $= 1$, mithin ergiebt sich

$$b^2 = a^2 + c^2 - 2ac . \cos\beta.$$

Wir überlassen es dem Schüler, auf eben demselben Wege, die übrigen beiden Formeln als richtig zu zeigen.

Anmerkung. Weil dieser Satz in dem speziellen Falle, wo der eingeschlossene Winkel $= 90°$, mithin sein Cosinus $= 0$ ist, in den eigentlichen Pythagoräischen Satz übergeht, so nannte ihn der Professor Martin Ohm den allgemeineren Pythagoräischen Lehrsatz.

§. 63. Zusatz.

Wollte man die im vorigen §. gefundenen Formeln wirklich zu einer numerischen Berechnung der Seiten benutzen, so würde dies nur auf eine mühsame und unbequeme Weise geschehen können, indem sie durchaus zu einer logarithmischen Behandlung untauglich sind. Wir wollen aber versuchen, z. B. die Formel

$$a^2 = b^2 + c^2 - 2bc.\cos\alpha,$$

so zu transformiren, daß eine logarithmische Erleichterung möglich sei. Es ist offenbar

$$a^2 = b^2 - 2bc + c^2 + 2bc(1 - \cos\alpha)$$
$$= (b - c)^2 + 2bc(1 - \cos\alpha).$$

Nach §. 38. ist aber

$$1 - \cos\alpha = 2(\sin\tfrac{1}{2}\alpha)^2,$$

und wir haben also

$$a^2 = (b - c)^2 + 4bc(\sin\tfrac{1}{2}\alpha)^2.$$

Da jede reelle Zahl als Tangente irgend eines Winkels gedacht werden kann (§. 25.), so muß es auch einen Winkel φ geben, so daß

$$\text{tang}\,\varphi = \frac{2\sin\frac{1}{2}\alpha\sqrt{(bc)}}{b - c}$$

und

$$(b - c)^2.\text{tang}\,\varphi^2 = 4bc(\sin\tfrac{1}{2}\alpha)^2$$

ist. Wir erhalten demzufolge

$$a^2 = (b - c)^2 + (b - c)^2.\text{tang}\,\varphi^2$$
$$= (b - c)^2[1 + \text{tang}\,\varphi^2]$$
$$= (b - c)^2\left[1 + \frac{\sin\varphi^2}{\cos\varphi^2}\right]$$
$$= (b - c)^2\left[\frac{\cos\varphi^2 + \sin\varphi^2}{\cos\varphi^2}\right] = \frac{(b - c)^2}{\cos\varphi^2}\,^{*)}.$$

---

*) Indem $\cos\varphi^2 + \sin\varphi^2 = 1$.

und endlich

$$a = \frac{b - c}{\cos\varphi}.$$

Die Einführung eines solchen Hülfswinkels φ ist, wie schon in §. 25. bemerkt worden, oft von ungemeiner Wichtigkeit in Beziehung auf Erleichterung praktischer Rechnungen. Wann und wie er einzuführen ist, gehört zu den analytischen Kunstgriffen, die füglicherweise nicht gelehrt werden können, sondern allein von dem Scharfsinne des rechnenden Individuums abhängen. Um also die Seite a aus den beiden gegebenen anderen und aus $\cos\alpha$ zu finden, berechne man zuerst den Winkel φ, indem

$$\tan g\,\varphi = \frac{2\sin\frac{1}{2}\alpha\,.\,\sqrt{(bc)}}{b - c}$$

genommen ist, welches durch Logarithmen leicht geschehen kann. Ist φ und also auch $\cos\varphi$ gefunden, so hat man $a = \frac{b - c}{\cos\varphi}$, und ist auch a bekannt, so erhält man die fehlenden Stücke β und γ nach dem Satze des §. 60.

Wir wollen des besseren Verständnisses wegen hier einmal ein numerisches Beispiel ausführen. Im Dreiecke ABC Fig. 11. sei gegeben

$$b = 36', \quad c = 30', \quad \alpha = 76^\circ\,12'\,22'',$$

wie groß ist die Seite a?

Den Hülfswinkel φ findet man auf folgende Weise:

$$\tan g\,\varphi = \frac{2\,.\sin 38^\circ\,6'\,11''\,.\,\sqrt{(36 \times 30)}}{6}.$$

Nun ist

$$\begin{aligned}
\log 2 &= 0{,}3010300 \\
\log\sin 38^\circ\,6'\,11'' &= 9{,}7903399 - 10 \\
\tfrac{1}{2}\log 36 \times 30 &= 1{,}5167119 \\
\hline
&\ 11{,}6080818 - 10 \\
\log 6 &= 0{,}7781513 \quad \text{subtrahirt} \\
\hline
\log\tan g\,\varphi &= 0{,}8298305
\end{aligned}$$

also

$$\tan\varphi = 6{,}7582000 \quad \text{und} \quad \varphi = 81^\circ\, 34'\, 59''.$$

Nun ist

$$a = \frac{b - c}{\cos\varphi} = \frac{6}{0{,}1463756} = 40{,}99\ldots.$$

§. 64. Lehrsatz.

In jedem Dreiecke ist der Cosinus eines Winkels gleich der Summe der Quadrate der ihn einschließenden Seiten, weniger dem Quadrate der Gegenseite, dividirt durch das doppelte Produkt der einschließenden Seiten.

Beweis. Lös't man die Gleichungen 1., 2., 3. des §. 62. bezüglich nach $\cos\alpha$, $\cos\beta$, $\cos\gamma$ auf, so erhält man als Resultate

$$1)\quad \cos\alpha = \frac{b^2 + c^2 - a^2}{2bc},$$

$$2)\quad \cos\beta = \frac{a^2 + c^2 - b^2}{2ac},$$

$$3)\quad \cos\gamma = \frac{a^2 + b^2 - c^2}{2ab},$$

worin der Beweis liegt.

§. 65. Zusatz.

Auch diese für die Cosinus gefundenen Formen lassen eine numerische Behandlung nur höchst unbequem zu; doch lassen auch sie sich für logarithmische Hülfe passender umwandeln, wenn man statt der Cosinus der ganzen Winkel die der halben auszudrücken trachtet. Es geschieht diese Umwandlung auf nachstehende Weise:

Es ist

$$\cos\alpha = \frac{b^2 + c^2 - a^2}{2bc}$$

und demnach

$$1 + \cos\alpha = 1 + \frac{b^2 + c^2 - a^2}{2bc} = \frac{2bc + b^2 + c^2 - a^2}{2bc}$$

$$= \frac{(b + c)^2 - a^2}{2bc}.$$

Der Zähler des letzten Bruches ist eine Differenz zweier Quadrate, kann daher nach der bekannten Zerlegungsformel in die Summe der Wurzeln, multiplizirt mit der Differenz der Wurzeln, zerlegt werden, so daß entsteht

$$1 + \cos\alpha = \frac{(a+b+c)(b+c-a)}{2bc}$$

und

$$\frac{1+\cos\alpha}{2} = \frac{(a+b+c)(b+c-a)}{4bc},$$

endlich

$$\sqrt{\left(\frac{1+\cos\alpha}{2}\right)} = \sqrt{\left(\frac{(a+b+c)(b+c-a)}{4bc}\right)}.$$

Der Ausdruck links ist aber (nach §. 11. *B.*) $= \cos\frac{1}{2}\alpha$, wonach denn, wenn man die Summe der drei Seiten mit s bezeichnet, entsteht

$$\cos\tfrac{1}{2}\alpha = \sqrt{\left(\frac{s(s-2a)}{4bc}\right)}.$$

Auf demselben Wege, und wenn man die früheren Ausdrücke für $\cos\beta$ und $\cos\gamma$ einführt, ergiebt sich

$$\cos\tfrac{1}{2}\beta = \sqrt{\left(\frac{s(s-2b)}{4ac}\right)} \quad \text{und} \quad \cos\tfrac{1}{2}\gamma = \sqrt{\left(\frac{s(s-2c)}{4ab}\right)}.$$

§. 66. Lehrsatz.

In jedem Dreiecke verhält sich die Summe zweier Seiten zu ihrer Differenz, wie die Tangente der halben Summe der Gegenwinkel zur Tangente der halben Differenz dieser Winkel.

Beweis. Nennen wir, wie früher die drei Seiten eines Dreiecks a, b, c und bezüglich die Gegenwinkel α, β, γ, so verhält sich (nach §. 60.)

$$a : c = \sin\alpha : \sin\gamma,$$

und hieraus bildet man aus Sätzen der Proportionslehre die richtige Proportion

$$(a+c):(a-c) = (\sin\alpha + \sin\gamma):(\sin\alpha - \sin\gamma)$$

eben nach diesen Sätzen ist richtig:

$$(a+c):(a-c) = \frac{\sin\alpha+\sin\gamma}{\cos\alpha+\cos\gamma} : \frac{\sin\alpha-\sin\gamma}{\cos\alpha+\cos\gamma}.$$

Nach §. 32. No. 1. ist aber das dritte Glied der Proportion

$$= \tang \tfrac{1}{2}(\alpha + \gamma)$$

und nach No. 2. desselben §. das vierte Glied

$$= \tang \tfrac{1}{2}(\alpha - \gamma),$$

woraus denn hervorgeht

$$(a + c) : (a - c) = \tang \tfrac{1}{2}(\alpha + \gamma) : \tang \tfrac{1}{2}(\alpha - \gamma),$$

w. z. b. w.

Es mögen für diesen Satz noch einige lineare Beweise folgen.

I. Es sei ABC Fig. 17. das Dreieck. Mit der kleineren Seite $AC = b$, von denen die im Beweise vorkommen sollen, beschreibe man um A einen Halbkreis, welcher BA und ihre Verlängerung in D und E schneidet; ziehe CD, CE und durch D die DF $\#$ CE. Nun ist DCE ein rechtwinkliges Dreieck, dessen rechter Winkel DCE (als Winkel im Halbkreise), und da DF $\#$ CE, so ist auch $\triangle$DCF ein solches, mit dem rechten Winkel bei D.

Jetzt hat man

$$BE : BD = CE : DF$$

oder

$$(c + b) : (c - b) = CE : DF.$$

Es kommt also darauf an, CE und DF als Repräsentanten der betreffenden Tangenten zu erweisen, und dies geschieht so: bezeichnen wir der Kürze wegen die Winkel EDC und DCF bezüglich mit m und n, so hat man

$$\frac{CE}{CD} = \tang m; \quad \text{also} \quad CE = CD \,.\, \tang m,$$

$$\frac{DF}{CD} = \tang n; \quad \text{also} \quad DF = CD \,.\, \tang n.$$

Wir wissen also schon, daß sich verhält

$$CE : DF = \tang m : \tang n,$$

wonach man hat

$$(c + b) : (c - b) = \tang m : \tang n.$$

Da Dreieck ACD gleichschenklig ist, so ist auch $\angle ACD = m$, und demnach

$$\text{I.} \quad \angle ACB = m + n.$$

Da ferner m der Außenwinkel des Dreiecks DBC ist, so folgt

$$\text{II.} \quad \angle ABC = m - n.$$

Addirt man I. und II., so ergiebt sich

$$\angle ACB + \angle ABC = 2m \text{ und } \frac{\angle ACB + \angle ABC}{2} = m.$$

Subtrahirt man II. von I., so resultirt

$$\angle ACB - \angle ABC = 2n \text{ und } \frac{\angle ACB - \angle ABC}{2} = n.$$

und man erhält was man beweisen wollte, nämlich die Proportion

$$(c + b) : (c - b)$$
$$= \operatorname{tang} \tfrac{1}{2}(\angle ACB + \angle ABC) : \operatorname{tang} \tfrac{1}{2}(\angle ACB - \angle ABC).$$

II. Man beschreibe um A beim Dreieck ABC Fig. 18. mit der größeren Seite AC = b einen Kreis, verlängere AB bis zur Peripherie in D und E, ziehe CD, CE, verlängere CB über B hinaus und errichte auf CD in D einen Perpendikel DF bis zum Schnitt mit der verlängerten CB. Da $\angle DCE$ ein rechter ist, so hat man

$$DC : CE = 1 : \operatorname{tang} g \quad (\text{§. } 56.).$$

Der Winkel o ist doppelt so groß als der Winkel g, d. h. $g = \frac{1}{2} o$, und dieser Werth in die Proportion gesetzt, giebt

$$DC : CE = 1 : \operatorname{tang} \tfrac{1}{2} o.$$

Ferner ist $\angle o = n + p$ als Außenwinkel des Dreiecks ABC, und demnach $\frac{1}{2} o = \frac{1}{2}(n + p)$; es verhält sich also

$$\text{I.} \quad DC : CE = 1 : \operatorname{tang} \tfrac{1}{2}(n + p).$$

Im rechtwinkligen Dreiecke DCF findet statt

$$DC : DF = 1 : \operatorname{tang} m.$$

Es ist aber

$$m = n - g = n - \tfrac{1}{2} o = n - \tfrac{1}{2}(n + p) = \tfrac{1}{2}(n - p).$$

Folglich ergiebt sich

$$\text{II.} \quad DC : DF = 1 : \operatorname{tang} \tfrac{1}{2}(n - p).$$

Da die Proportionen I. und II. die homologen Vorderglieder gleich haben, so muß nach den Proportionssätzen richtig sein

$$CE : DF = \operatorname{tang} \tfrac{1}{2}(n + p) : \operatorname{tang} \tfrac{1}{2}(n - p).$$

Nun sind aber die Dreiecke BCE und BDF ähnlich (wie leicht zu zeigen), und daher ist

$$CE:DF = BE:BD.$$

Da aber

$$BE = BA + AE = BA + AC$$

und

$$BD = AD - AB = AC - AB,$$

so resultirt

$$AC + AB : AC - AB = \tan \tfrac{1}{2}(n + p) : \tan \tfrac{1}{2}(n - p),$$

w. z. b. w.

Anmerkung. Die bis jetzt in diesem Abschnitte vorgetragenen Gesetze genügen vollkommen alle bei ebenen Dreiecken vorkommenden Elementaraufgaben zu lösen. Es soll nun unser Zweck sein, die vorkommenden Fälle systematisch durchzugehen, und bei den wichtigeren sowohl die analytische, als auch die lineare Methode deutlich zu machen.

B. Auflösung der geradlinigten Dreiecke.

I. Rechtwinklige Dreiecke.

§. 67.

Bei rechtwinkligen Dreiecken können folgende Stücke gegegeben und gesucht sein.

1) Gegeben die Hypothenuse und ein spitzer Winkel; gesucht der andere spitze Winkel und beide Catheten.

2) Gegeben eine Cathete und ein spitzer Winkel; gesucht der andere spitze Winkel, die Hypothenuse und die andere Cathete.

3) Gegeben die Hypothenuse und eine Cathete; gesucht die andere und die beiden spitzen Winkel.

4) Gegeben beide Catheten; gesucht beide spitze Winkel und die Hypothenuse.

Es liegt nahe, daß unter den gegebenen Stücken mindestens eine Seite vorkommen muß, indem durch drei Winkel allein kein Dreieck bestimmt ist; ferner aber erkennt man, daß außer dem stillschweigend gegebenen rechten Winkel nur noch einer der spitzen bekannt zu sein braucht, weil der zweite spitze als ein Datum anzusehen ist. Nehmen wir jetzt diese vier Fälle nach einander durch.

§. 98. Aufgabe.

In einem rechtwinkligen Dreiecke Fig. 19. ist die Hypothenuse $= c$ und der Winkel α gegeben; und man soll a, b und β finden.

Auflösung. Es verhält sich

$$a : c = 1 : \operatorname{cosec} \alpha \quad (\S. 56.),$$

also ist

$$a = \frac{c}{\operatorname{cosec} \alpha} = \frac{c}{\frac{1}{\sin \alpha}} = c . \sin \alpha.$$

Oder, man konnte kürzer sagen

$$\frac{a}{c} = \sin \alpha, \quad \text{also} \quad a = c . \sin \alpha.$$

Ferner verhält sich

$$b : c = 1 : \sec \alpha \text{ *)}.$$

also

$$b = \frac{c}{\sec \alpha} = \frac{c}{\frac{1}{\cos \alpha}} = c . \cos \alpha$$

oder

$$\frac{b}{c} = \cos \alpha; \quad \text{also} \quad b = c . \cos \alpha.$$

Endlich ist

$$\beta = (R - \alpha).$$

Die logarithmische Behandlung giebt

$$\log a = \log c + \log \sin \alpha,$$
$$\log b = \log c + \log \cos \alpha.$$

Zahlenbeispiele. Wenn $c = 16'$ und $\alpha = 42^{\circ}$, so ist

$$\log a = \log 16 + \log \sin 42^{\circ}$$
$$= 1{,}2041200 + 9{,}8255109 - 10 = 1{,}0296309$$

---

*) Wir haben mit Fleiß die sec und cosec eingeführt, um dem Schüler zu zeigen, wie er diese Functionen, wenn sie erscheinen, in ihre reciproken Werthe umzuwandeln hat.

und

$$a = \text{num}\log 1{,}0296309 = 10{,}706'.$$

Bei derselben Annahme ist

$$\log b = \log 16 + \log\cos 42^\circ$$
$$= 1{,}2041200 + 9{,}8710735 - 10 = 1{,}0751935$$

und

$$b = \text{num}\log 1{,}0751935 = 11{,}89'.$$

β ist endlich $= (90^\circ - 42^\circ) = 48^\circ$.

Uebungen.

Gegeben.	Gefunden.
1) $c = 347$	1) $a = 184{,}908$
$\alpha = 32^\circ\,12'$	$b = 293{,}629$
	$\beta = 57^\circ\,48'$
2) $c = 5483$	2) $a = 4610{,}554$
$\alpha = 57^\circ\,14'$	$b = 2967{,}504$
	$\beta = 32^\circ\,46'$
3) $c = 37{,}5$	3) $a = 11{,}743$
$\alpha = 18^\circ\,15'\,22''$	$b = 35{,}613$
	$\beta = 71^\circ\,44'\,38''$
4) $c = 1289$	4) $a = 1090{,}323$
$\alpha = 57^\circ\,45'\,54''$	$b = 687{,}5435$
	$\beta = 32^\circ\,14'\,6''$

§. 69. Aufgabe.

In einem rechtwinkligen Dreiecke ist die Cathete $= a$ und Winkel α gegeben; man soll b, c und β finden.

Auflösung. Es verhält sich

$$b : a = 1 : \text{tang}\,\alpha,$$

also ist

$$b = \frac{\alpha}{\text{tang}\,\alpha} = a\,.\cot\alpha.$$

Ferner hat man

$$c : a = 1 : \sin\alpha,$$

also

$$c = \frac{a}{\sin\alpha};$$

Endlich

$$\beta = (R - \alpha).$$

Logarithmisch ist aber

$$\log b = \log a - \log \tan \alpha,$$
$$\log c = \log a - \log \sin \alpha.$$

Zahlenbeispiel. Wenn $a = 43$, $\alpha = 36° 15'$ ist, so wird

$$\log c = \log 43 - \log \sin 36° 15'$$
$$= 1{,}6334685 - 9{,}7718150 + 10 = 1{,}8616535$$

und

$$c = \text{num} \log 1{,}8616535 = 72{,}72.$$

Ferner wird

$$\log b = \log 43 - \log \tan 36° 15'$$
$$= 1{,}6334685 - 9{,}8652404 + 10 = 1{,}7682281$$

und

$$b = \text{num} \log 1{,}7682281 = 58{,}64.$$

β ist endlich

$$= (90° - 36° 15') = 53° 45'.$$

Uebungen.

Gegeben.	Gesucht.
1) $a = 581$ $\alpha = 59° 22'$	1) $b = 344{,}06$ $c = 675{,}23$ $\beta = 30° 38'$
2) $a = 31{,}4$ $\alpha = 17° 35' 18''$	2) $b = 99{,}05$ $c = 103{,}84$ $\beta = 72° 24' 42''$
3) $a = \sqrt{5}$ $\alpha = 49° 10'$	3) $b = 1{,}93$ $c = 3{,}42$ $\beta = 40° 50'$
4) $a = \frac{-1 + \sqrt{5}}{4}$ $\alpha = 18°$	4) $b = 0{,}9510565$ $c = 1$ $\beta = 72°$

§. 70. Aufgabe.

In einem rechtwinkligen Dreiecke ist gegeben die Hypothenuse $= c$ und die Cathete $= b$; man soll a, α und β finden.

Auflösung. Es verhält sich:

$$c:b = 1:\sin\beta$$

oder

$$\sin\beta = \frac{b}{c}$$

und

$$\log\sin\beta = \log b - \log c,$$

endlich

$$\sin\beta = \text{num}(\log b - \log c).$$

Ist nun daraus β bekannt geworden, so sagt man weiter

$$a:b = 1:\text{tang}\,\beta,$$

also

$$a = \frac{b}{\text{tang}\,\beta}$$

und

$\log a = \log b - \log\text{tang}\,\beta$, woraus a hervorgeht.

α endlich ist $= (R - \beta)$.

Zahlenbeispiel. Wenn $c = 94$, $b = 86{,}4118$ ist, so wird

$$\log\sin\beta = \log 86{,}4118 - \log 94 = 1{,}9365730 - 1{,}9731279$$
$$= -0{,}0365549.$$

Da aber die Logarithmen der Sinus für den Radius 10000000000 berechnet sind, so muß man zu dem gefundenen log sin erst 10 hinzuaddiren, wodurch man erhält

$$\log\sin\beta = \left.\begin{matrix} +10{,}0000000 \\ -\ \ 0{,}0365549 \end{matrix}\right\} \text{addirt} = 9{,}9634451,$$

und man bekommt dann

$$\beta = 66°\ 49'\ 13''.$$

Ferner ist

$$\log a = \log 86{,}4118 - \log\text{tang}\,66°\ 49'\ 13''$$
$$= 1{,}9365730 - 10{,}3683720 + 10 = 1{,}5682010$$

und

$$a = \text{num}\log 1{,}5682010 = 37 \text{ beinahe.}$$

α ist endlich $= (R - \beta) = (90° - 66°\,49'\,13'') = 23°\,10'\,47''$.

Uebungen.

Gegeben.	Gesucht.
1) $c = 50$	1) $\alpha = 34° 3' 20''$
$b = 41{,}424$	$\beta = 55° 56' 40''$
	$a = 28$
2) $c = 5{,}3$	2) $\alpha = 13° 5'' 4''$
$b = 5{,}1623$	$\beta = 76° 54' 56''$
	$a = 1{,}2$
3) $c = 1000$	3) $\alpha = 22° 46' 4''$
$b = 922{,}08$	$\beta = 67° 13' 56''$
	$a = 387$
4) $c = 6$	4) $\alpha = 21° 52' 51''$
$b = 5{,}5677$	$\beta = 68° 7' 9''$
	$a = 2{,}236068\ldots$

§. 71. Aufgabe.

In einem rechtwinkligen Dreiecke sind bezüglich die Catheten $= a$ und $= b$ gegeben; man sucht α, β und c.

Auflösung. Es verhält sich

$$a : b = 1 : \text{tang}\,\beta$$

oder

$$\text{tang}\,\beta = \frac{b}{a}.$$

Ferner

$$b : a = 1 : \text{tang}\,\alpha$$

oder

$$\text{tang}\,\alpha = \frac{a}{b}.$$

Dann ist

$$\log \text{tang}\,\beta = \log b - \log a;\ \log \text{tang}\,\alpha = \log a - \log b,$$

woraus sich die Winkel α und β ergeben, oder aus β folgt $\alpha = (R - \beta)$.

Jetzt hat man

$$c : a = 1 : \cos\beta = 1 : \sin\alpha$$

oder

$$c = \frac{a}{\cos\beta} = \frac{a}{\sin\alpha}$$

und

$$\log c = \log a - \log \cos \beta,$$

woraus

$$c = \text{num}\,(\log a - \log \cos \beta)\ ^{*}).$$

Zahlenbeispiel. Wenn $a = 127$, $b = 85$ ist, so wird

$$\log \text{tang}\, \beta = \log 85 - \log 127 = 1{,}9294189 - 2{,}1038037$$
$$= -0{,}1743848,$$

und für die Tafeln eingerichtet

$$= -0{,}1743848 + 10 = 9{,}8256152,$$

woraus endlich

$$\beta = 33^\circ\, 47'\, 39''$$

und

$$\alpha = (90^\circ - 33^\circ\, 47'\, 39'') = 56^\circ\, 12'\, 21''$$

hervorgehn.

Finden wir c trigonometrisch, so war

$$\log c = \log 127 - \log \cos 33^\circ\, 47'\, 39''$$
$$= 2{,}1038037 - 9{,}9196226 + 10 = 2{,}1841811$$

und

$$c = \text{num} \log 2{,}1841811 = 152{,}82.$$

Nach dem Pythagoräischen Lehrsatze ist

$$c = \sqrt{(85^2 + 127^2)} = \sqrt{23354} = 152{,}82 \ldots.$$

Uebungen.

Gegeben.	Gefunden.
1) $a = 12$	1) $c = 20{,}808$
$b = 17$	$\alpha = 35^\circ\, 13'\, 5''$
	$\beta = 54^\circ\, 46'\, 55''$
2) $a = 23$	2) $c = 29{,}206$
$b = 18$	$\alpha = 52^\circ\, 35'\, 29''$
	$\beta = 37^\circ\, 24'\, 31''$
3) $a = 22{,}7$	3) $c = 29{,}731$
$b = 19{,}2$	$\alpha = 49^\circ\, 46'\, 29''$
	$\beta = 40^\circ\, 13'\, 31''$

*) Daß man c auch nach der Gleichung $c = \sqrt{(a^2 + b^2)}$ finden kann, bedarf wohl keiner Erwähnung, indessen wollen wir den Schülern rathen, die Hypothenuse auf beiderlei Arten zu finden, um dann die Resultate durch einander zu prüfen.

4) $a = 0{,}14$
$b = 0{,}75$

4) $c = 0{,}76295$
$\alpha = 10^\circ\, 34'\, 24''$
$\beta = 79^\circ\, 25'\, 36''$

II. Gleichschenklige Dreiecke.

§. 72.

Die Auflösung gleichschenkliger Dreiecke entspringt offenbar aus der der rechtwinkligen Dreiecke, und hängt mit ihr so innig zusammen, daß beide eigentlich nur als dieselben Probleme anzusehen sind. Nach Sätzen der Geometrie ist nämlich bekannt, daß durch einen vom ungleichen Winkel auf die Gegenseite gefällten Perpendikel das gleichschenklige Dreieck in zwei congruente rechtwinklige zerlegt wird, und demnach Winkel, Gegenseite und Fläche halbirt werden. Was nun auch von den Bestimmungsstücken des gleichschenkligen Dreiecks gegeben sein mag, bestimmt auch diese rechtwinkligen Hälften, und jede derselben wieder umgekehrt, das gleichschenklige Dreieck. Durch einen gegebenen Winkel des letzteren bestimmen sich stillschweigend die beiden anderen, und zwar, ist der ungleiche α gegeben, so erhält man jeden der gleichen

$$\beta = \frac{2R - \alpha}{2} = R - \frac{\alpha}{2}$$

und ist einer der gleichen β gegeben, so hat man den ungleichen

$$\alpha = 2R - 2\beta \quad \text{und} \quad \frac{\alpha}{2} = R - \beta.$$

Man braucht also, um ein gleichschenkliges Dreieck zu bestimmen (zu berechnen) nur zwei Stücke unmittelbar zu geben, worunter natürlich eine Seite sein muß. Die gegebenen Stücke können sein:

1) Grundlinie, Schenkel . . . a, b,
2) Grundlinie, ungleicher Winkel a, α,
3) Grundlinie, gleicher Winkel . a, β,
4) Schenkel, ungleicher Winkel . b, α,
5) Schenkel, gleicher Winkel . b, β.

In allen diesen Fällen ist das erwähnte rechtwinklige Dreieck, und demnach auch das gleichschenklige zu berechnen. Wir wollen der genaueren Einsicht halber ein numerisches Exempel ausrechnen. Im gleichschenkligen Dreiecke ABC Fig. 20. ist gegeben $BC = a$ und $\angle ABC = \beta$; man sucht $\angle BAC = \alpha$ und $AB = AC = b$.

Auflösung. Es verhält sich

$$b : \frac{a}{2} = 1 : \cos\beta = 1 : \sin\tfrac{1}{2}\alpha$$

also ist

$$b = \frac{a}{2 . \cos\beta}$$

und

$$\log b = \log a - \log 2 - \log\cos\beta,$$

daher

$$b = \text{num}\,(\log a - \log 2 - \log\cos\beta).$$

Nachdem b gefunden, hat man

$$\sin\tfrac{1}{2}\alpha = \frac{a}{2b}, \text{ und } \log\sin\tfrac{1}{2}\alpha = \log a - \log 2 - \log b.$$

Zahlenbeispiel. Wenn $a = 29$, $\beta = 31^\circ 28' 1''$ ist, so wird

$$\begin{aligned}\log b &= \log 29 - \log 2 - \log\cos 31^\circ 28' 1'' \\ &= 1{,}4623980 - 0{,}3010300 - 9{,}9309218 + 10 \\ &= 1{,}2304462\end{aligned}$$

und

$$b = \text{num}\log 1{,}2304462 = 17 \text{ beinahe.}$$

Ferner ist

$$\begin{aligned}\log\sin\tfrac{1}{2}\alpha &= \log 29 - \log 2 - \log 17 \\ &= 1{,}4623980 - 0{,}3010300 - 1{,}2304489 \\ &= -0{,}0690809 + 10 = 9{,}9309191\end{aligned}$$

(der Schüler vergesse nicht, daß die 10 hinzugefügt wurde, um den Logarithmus denen der Tafeln anzupassen).

Hieraus findet sich

$$\tfrac{1}{2}\alpha = 58^\circ 31' 59'', \text{ also } \alpha = 117^\circ 3' 58''.$$

Anmerkung. Man konnte nach dem obigen auch $\frac{1}{2}\alpha = R - \beta = (90^\circ - 31^\circ 28' 1'') = 58^\circ 31' 59''$ finden.

Uebungen.

Gegeben.	Gesucht.
1) $a = 72,3$ $b = 40$	1) $\alpha = 129^\circ 18' 40''$ $\beta = 25^\circ 20' 40''$
2) $a = \sqrt{102}$ $b = 10$	2) $\alpha = 60^\circ 39' 34''$ $\beta = 59^\circ 40' 13''$
3) $a = 38$ $b = 70$	3) $\alpha = 31^\circ 29' 56''$ $\beta = 74^\circ 15' 2''$
4) $a = \sqrt{13}$ $b = \sqrt{11}$	4) $\alpha = 65^\circ 11' 10''$ $\beta = 57^\circ 4' 25''$
5) $a = 12$ $\alpha = 111^\circ 36'$	5) $b = 7,254$ $\beta = 34^\circ 12'$
6) $a = 387$ $\alpha = 39^\circ 36'$	6) $b = 571,238$ $\beta = 70^\circ 12'$
7) $a = 7,2$ $\beta = 40^\circ$	7) $b = 4,699$ $\alpha = 100^\circ$
8) $a = \sqrt{9,7}$ $\beta = 32^\circ 20' 24''$	8) $b = 1,864$ $\alpha = 115^\circ 19' 12''$
9) $a = 0,8$ $\beta = 47^\circ 9' 52''$	9) $b = 0,588$ $\alpha = 85^\circ 40' 16''$
10) $b = 3,7$ $\alpha = 5^\circ 36'$	10) $a = 0,361$ $\beta = 87^\circ 12'$
11) $b = 520$ $\alpha = 60^\circ$	11) $a = 520$ $\beta = 60^\circ$
12) $b = \sqrt{17}$ $\beta = 39^\circ 2' 13''$	12) $a = 6,405$ $\alpha = 101^\circ 55' 34''$

III. Schiefwinklige Dreiecke.

§. 73. Bemerkung.

Bei der Auflösung der schiefwinkligen Dreiecke sind vier Fälle zu betrachten; ein Dreieck ist nämlich bestimmt, 1) wenn eine Seite und zwei Winkel, 2) wenn zwei Seiten und ein anliegender Winkel, 3) wenn zwei Seiten und der eingeschlossene Winkel, 4) wenn alle drei Seiten gegeben sind. Wir wollen diese Fälle einzeln durchgehen.

§. 74. Aufgabe.

Im Dreiecke ABC Fig. 11. sind die Seite $BC = a$, der Winkel $ABC = \beta$ und der Winkel $ACB = \gamma$ gegeben; man soll die Seiten $AB = c$, $AC = b$ und den dritten Winkel $BAC = \alpha$ finden.

Auflösung. Den Winkel α erhält man augenblicklich aus der Gleichung

$$\alpha = 2R - (\beta + \gamma).$$

In Bezug auf das Finden von b und c aber giebt §. 60.

$$b : a = \sin\beta : \sin\alpha,$$

also

$$b = \frac{a . \sin\beta}{\sin\alpha}$$

und

$$\log b = \log a + \log\sin\beta - \log\sin\alpha,$$

endlich

b = dem Numerus des rechtsstehenden Ausdruckes.

Ferner hat man

$$c : a = \sin\gamma : \sin\alpha, \quad \text{also} \quad c = \frac{a . \sin\gamma}{\sin\alpha}$$

und

$$\log c = \log a + \log\sin\gamma - \log\sin\alpha.$$

Zahlenbeispiel. Wenn

$$a = 37, \quad \beta = 84^\circ\, 2', \quad \gamma = 53^\circ\, 53',$$

so ist

$$\alpha = (180^\circ - 137^\circ\, 55') = 42^\circ\, 5'$$

und

$$\log b = \log 37 + \log\sin 84^\circ\, 2' - \log\sin 42^\circ\, 5'$$
$$= 1{,}5682017 + 9{,}9976408 - 10 - 9{,}8262114 + 10$$
$$= 1{,}7396311,$$

demnach

$$b = \text{num}\log 1{,}7396311 = 54{,}907.$$

Ebenso ist

$$\begin{aligned}\log c &= \log 37 + \log\sin 53^\circ\, 53' - \log\sin 42^\circ\, 5' \\ &= 1{,}5682017 + 9{,}9073138 - 10 - 9{,}8262114 + 10 \\ &= 1{,}6493041\end{aligned}$$

und

$$c = \text{num}\log 1{,}6493041 = 44{,}596.$$

Uebungen.

Gegeben.	Gefunden.
1) $a = 322$	1) $b = 264{,}9609$
$\beta = 54^\circ\, 6'$	$c = 141{,}8804$
$\gamma = 25^\circ\, 42'$	$\alpha = 100^\circ\, 12'$
2) $a = 6{,}9$	2) $b = 6{,}524$
$\beta = 69^\circ\, 31'\, 41''$	$c = 1{,}26$
$\gamma = 13^\circ\, 10'\, 19''$	$\alpha = 97^\circ\, 18'$
3) $a = \sqrt{37}$	3) $b = 4{,}7385$
$\beta = 41^\circ\, 9'\, 10''$	$c = 7{,}116$
$\gamma = 81^\circ\, 12'\, 7''$	$\alpha = 57^\circ\, 38'\, 43''$
4) $a = 0{,}48$	4) $b = 2{,}965$
$\beta = 122^\circ\, 7'\, 10''$	$c = 2{,}682$
$\gamma = 50^\circ$	$\alpha = 7^\circ\, 52'\, 50''$

§. 75. Aufgabe.

Von einem Dreiecke ABC ist gegeben $BC = a$, $AC = b$ und $\angle BAC = \alpha$; man sucht die dritte Seite $= c$ und die beiden Winkel β und γ.

Auflösung. Es verhält sich

$$a : b = \sin\alpha : \sin\beta,$$

also ist

$$\sin\beta = \frac{b \,.\, \sin\alpha}{a}$$

und

$$\log\sin\beta = \log b + \log\sin\alpha - \log a.$$

Hat man β, und aus der Gleichung

$$\gamma = 2R - (\alpha + \beta)$$

den Winkel γ gefunden, so kann man wieder ansetzen:

$$c : a = \sin\gamma : \sin\alpha,$$

woraus

$$c = \frac{a \cdot \sin\gamma}{\sin\alpha},$$

$$\log c = \log a + \log\sin\gamma - \log\sin\alpha$$

und c = dem Numerus des rechtsstehenden Ausdruckes sich ergiebt.

Zahlenbeispiel. Wenn $a = 73625$, $b = 67241$, $\alpha = 43^\circ\,55'$ ist, so wird

$$\log\sin\beta = \log 67241 + \log\sin 43^\circ\,55' - \log 73625$$
$$= 4{,}8276342 + 9{,}8411162 - 10 - 4{,}8670253$$
$$= -0{,}1982749 + 10 = 9{,}8017251.$$

β ergiebt sich also

$$= \text{num}\log 9{,}8017251 = 39^\circ\,18'\,23''$$

und

$$\gamma = (180 - 83^\circ\,13'\,23'') = 96^\circ\,46'\,37''.$$

Endlich ist

$$\log c = \log 73625 + \log\sin 96^\circ\,46'\,37'' - \log\sin 43^\circ\,55'$$
$$= 4{,}8670253 + 9{,}9969549 - 10 - 9{,}8411162 + 10$$
$$= 5{,}0228640$$

und

$$c = \text{num}\log 5{,}0228640 = 105405{,}65 \ldots.$$

Uebungen.

	Gegeben.		Gefunden.
1)	$a = 33$	1)	$\beta = 16^\circ\,56'\,36''$
	$b = 12$		$\gamma = 109^\circ\,47'\,24''$
	$\alpha = 53^\circ\,16'$		$c = 38{,}74461$
2)	$a = 473$	2)	$\beta = 45^\circ\,23'\,56''$
	$b = 337$		$\gamma = 42^\circ\,32'\,4''$
	$\alpha = 92^\circ\,4'$		$c = 319{,}97$
3)	$a = 11$	3)	$\beta = 43^\circ\,59'\,40''$
	$b = 8{,}5$		$\gamma = 69^\circ$
	$\alpha = 67^\circ\,20'$		$c = 11{,}155$

4)	$a = 15$	4)	$\beta = 87^\circ 16' 30''$	oder	$92^\circ 43' 30''$
	$b = 23$		$\gamma = 52^\circ 4' 30''$	oder	$46^\circ 37' 30''$
	$\alpha = 40^\circ 39'$		$c = 18,163$	oder	$16,727$
5)	$a = \sqrt{12}$	5)	$\beta = 52^\circ 52' 31''$	oder	$127^\circ 7' 29''$
	$b = \sqrt{13}$		$\gamma = 77^\circ 7' 29''$	oder	$2^\circ 52' 31''$
	$\alpha = 50^\circ$		$c = 4,4083$	oder	$0,2268$

Anmerkung. Die bis jetzt durchgenommenen Fälle bei der Berechnung schiefwinkliger Dreiecke ließen sich nach dem Satze: „die Seiten verhalten sich wie die Sinus ihrer Gegenwinkel" lösen; die beiden folgenden aber: wenn alle drei Seiten, oder wenn zwei Seiten und der eingeschlossene Winkel gegeben sind, erfordern die Anwendung der §. §. 62. und 66.

§. 76. Aufgabe.

Von einem Dreiecke ABC sind alle drei Seiten bezüglich $= a, b, c$ gegeben; man soll die drei Winkel auf eine solche Art finden, daß die Anwendung der Logarithmen möglich sei.

Auflösung. Nach §. 65. fanden wir die drei Cosinus der halben Winkel

$$\cos\tfrac{1}{2}\alpha = \sqrt{\left(\frac{s(s-2a)}{4bc}\right)}, \quad \cos\tfrac{1}{2}\beta = \sqrt{\left(\frac{s(s-2b)}{4ac}\right)},$$

$$\cos\tfrac{1}{2}\gamma = \sqrt{\left(\frac{s(s-2c)}{4ab}\right)},$$

wenn $s = a + b + c$ ist, und dies wäre schon eine genügende Auflösung, da

$$\log\cos\tfrac{1}{2}\alpha = \tfrac{1}{2}[\log s + \log(s-2a) - \log 4 - \log b - \log c]$$

leicht sich finden läßt. Wir wollen aber diese Gelegenheit benutzen, um zu zeigen, wie man auch auf eine logarithmisch bequeme Form der drei Sinus kommen kann. Wir hatten

$$\cos\alpha = \frac{b^2 + c^2 - a^2}{2bc},$$

und nun ist

$$1 - \cos\alpha = 1 - \frac{b^2 + c^2 - a^2}{2bc} = \frac{a^2 - (b^2 - 2bc + c^2)}{2bc},$$

also

$$\frac{1-\cos\alpha}{2} = \frac{a^2-(b-c)^2}{4bc}$$

und

$$\sqrt{\left(\frac{1-\cos\alpha}{2}\right)} = \sqrt{\left(\frac{a^2-(b-c)^2}{4bc}\right)},$$

oder da der links stehende Ausdruck $= \sin\frac{1}{2}\alpha$, der Zähler des rechts stehenden aber die Differenz zweier Quadrate ist, die sich auf die bekannte Weise zerlegen läßt, so hat man

$$\sin\tfrac{1}{2}\alpha = \sqrt{\left(\frac{(a+b-c)(a+c-b)}{4bc}\right)}$$

$$= \sqrt{\left(\frac{(s-2b)(s-2c)}{4bc}\right)}.$$

Auf eben dieselbe Art erhält man

$$\sin\tfrac{1}{2}\beta = \sqrt{\left(\frac{(b+c-a)(a+b-c)}{4ac}\right)}$$

$$= \sqrt{\left(\frac{(s-2a)(s-2c)}{4ac}\right)},$$

$$\sin\tfrac{1}{2}\gamma = \sqrt{\left(\frac{(b+c-a)(a+c-b)}{4ab}\right)}$$

$$= \sqrt{\left(\frac{(s-2a)(s-2b)}{4ab}\right)},$$

Um nun gleich Ausdrücke für die Sinus der ganzen Winkel zu finden, hat man (nach §. 9. I.)

$$\sin 2\alpha = 2\sin\alpha \,.\, \cos\alpha$$

oder

$$\sin\alpha = 2\sin\tfrac{1}{2}\alpha \,.\, \cos\tfrac{1}{2}\alpha.$$

Es wird also

$$\sin\alpha = 2\sqrt{\left(\frac{(s-2b)(s-2c)}{4bc}\right)} \,.\, \sqrt{\left(\frac{s(s-2a)}{4bc}\right)}$$

oder

$$\sin\alpha = 2\sqrt{\left(\frac{s(s-2a)(s-2b)(s-2c)}{16b^2c^2}\right)},$$

endlich

$$\sin\alpha = \frac{1}{2bc}\sqrt{\left(s(s-2a)(s-2b)(s-2c)\right)}.$$

Die Verbindungen der übrigen Ausdrücke für $\sin\frac{1}{2}\beta$, $\sin\frac{1}{2}\gamma$

mit $\cos\frac{1}{2}\beta$ und $\cos\frac{1}{2}\gamma$ auf dieselbe Art, geben dann

$$\sin\beta = \frac{1}{2ac}\sqrt{\left(s(s-2a)(s-2b)(s-2c)\right)},$$

$$\sin\gamma = \frac{1}{2ab}\sqrt{\left(s(s-2a)(s-2b)(s-2c)\right)}.$$

So merkwürdig die letzten Formen auch durch ihre überraschende Symmetrie sind, so gewähren die für die Sinus und Cosinus der halben Winkel doch den Vortheil, jedesmal augenblicklich zu wissen, welcher bestimmte Winkel genommen werden muß. Jeder Sinus gehört bekanntlich zu zwei Winkeln, einem spitzen und einem stumpfen, die in Summe $= \pi = 180^\circ$ sind, und da der halbe Winkel eines Dreiecks nie ein stumpfer sein kann, so ist augenblicklich entschieden, welcher Winkel zum gegebenen Sinus oder Cosinus des halben Winkels eigentlich gehört, während beim Gebrauch der letzten Formeln für die Functionen der ganzen Winkel vor der Hand noch unentschieden bleibt, ob der spitze oder stumpfe sich ergebende Winkel genommen werden soll.

Zahlenbeispiel. Im Dreiecke ABC Fig. 11. sei gegeben

$$\left.\begin{array}{l} a = 3247' \\ b = 3678' \\ c = 4459' \end{array}\right\} \text{ und demnach } s = 11384,$$

man sucht α, β, γ. Es ist

$$\cos\tfrac{1}{2}\alpha = \sqrt{\left(\frac{11384\times(11384-6494)}{4.3678.4459}\right)}$$

$$= \sqrt{\left(\frac{11384.4890}{4.3678.4459}\right)},$$

also

$$\log\cos\tfrac{1}{2}\alpha$$

$$= \tfrac{1}{2}(\log 11384 + \log 4890 - \log 4 - \log 3678 - \log 4459)$$

$$= \tfrac{1}{2}.\left\{\begin{array}{r} 4,0562949 \\ +3,6893089 \\ -0,6020600 \\ -3,5656117 \\ -3,6492375 \end{array}\right\} = \tfrac{1}{2}. -0,0713054 = -0,0356527.$$

und um ihn den Tafeln anzupassen, hat man

$$\log \cos \tfrac{1}{2}\alpha = -0{,}0356527 + 10 = 9{,}9643473,$$

wozu der Winkel 22° 53′ 59,78″ gehört, so daß sich endlich das Doppelte

$$= \alpha = 45^\circ\, 47'\, 59{,}56''$$

ergiebt. Auf dieselbe Weise findet man dann

$$\beta = 54^\circ\, 17'\, 55{,}16''$$

und endlich γ aus der Gleichung

$$\gamma = [2\,R - (\alpha + \beta)] = 79^\circ\, 54'\, 5{,}39''$$

Uebungen.

Gegeben	Gefunden.
1) $a = 41$	1) $\alpha = 76^\circ\, 12'\, 23''$
$b = 36$	$\beta = 58^\circ\, 30'\, 34''$
$c = 30$	$\gamma = 45^\circ\, 17'\, 3''$
2) $a = \sqrt{2}$	2) $\alpha = 65^\circ\, 26'\, 36''$
$b = 1{,}5$	$\beta = 74^\circ\, 33'\, 23''$
$c = 1$	$\gamma = 40^\circ\, 0'\, 3''$
3) $a = 12$	3) $\alpha = 93^\circ\, 22'\, 41''$
$b = \sqrt{72}$	$\beta = 44^\circ\, 54'\, 2''$
$c = 8$	$\gamma = 41^\circ\, 43'\, 17''$
4) $a = 11$	4) $\alpha = 85^\circ\, 54'\, 21''$
$b = 9$	$\beta = 54^\circ\, 41'\, 47''$
$c = 7$	$\gamma = 39^\circ\, 24'\, 2''$
5) $a = 113$	5) $\alpha = 18^\circ\, 11'\, 3''$
$b = 315$	$\beta = 60^\circ\, 26'\, 58''$
$c = 355$	$\gamma = 101^\circ\, 21'\, 59''$
6) $a = 1649$	6) $\alpha = 60^\circ\, 17'\, 9''$
$b = 1857$	$\beta = 77^\circ\, 58'\, 32''$
$c = 1264$	$\gamma = 41^\circ\, 44'\, 19''$
7) $a = 7694{,}7$	7) $\alpha = 9^\circ\, 47'\, 3''$
$b = 12584{,}09$	$\beta = 163^\circ\, 51'\, 51''$
$c = 5009{,}49$	$\gamma = 6^\circ\, 21'\, 6''$

§. 77. Zusatz.

Man kann die Aufgabe, aus den drei Seiten die drei Winkel zu finden, auch mit Hülfe einer geometrischen Betrachtung auf die Berechnung rechtwinkliger Dreiecke zurückführen, und zwar folgendergestalt: Es sei im $\triangle ABC$ Fig. 21. gegeben $BC = a$, $AC = b$ und $AB = c$.

Mit der kleinsten Seite b denke man sich um A einen Kreis beschrieben, welcher AB in E, BC in F schneidet, und verlängere AB über A hinaus bis zum Schnitt D mit der Peripherie des Kreises.

Nun ist offenbar

$$BD = c + b, \quad BE = c - b,$$

und da BD, BE und auch BC bekannt sind, so ist in folgender, nach Sätzen der Geometrie richtigen Proportion

$$BC : BD = BE : BF$$

oder

$$a : c + b = c - b : BF$$

nur ein unbekanntes Glied, und dies hat man jetzt, wenn man es $= x$ setzt,

$$x = \frac{(c+b)(c-b)}{a}.$$

Ist $BF = x$ bekannt, so hat man auch $FC = a - x$ und

$$FG = GC = \tfrac{1}{2}(a - x).$$

Es ist also auch BG eine bekannte Größe, und zwar ist

$$BG = BF + FG = x + \tfrac{1}{2}(a - x) = \tfrac{1}{2}(a + x).$$

Jetzt kennt man demnach in den rechtwinkligen Dreiecken BAG und CAG bezüglich die Hypothenusen AB, AC und die Catheten BG, GC, kann also (nach §. 70.) die beiden Winkel β, γ, und mit ihnen den dritten α finden.

Ist $c - b = 0$, d. h. ist $c = b$ und also das Dreieck ABC gleichschenklig, so ergiebt sich auch $x = 0$, und man hat dann nur einen der Winkel β oder γ zu berechnen, indem der andere ihm gleich ist.

§. 78. Aufgabe.

Von einem Dreiecke ABC Fig. 11. sind 2 Seiten AB $= c$ und AC $= b$, so wie der von ihnen eingeschlossene Winkel α gegeben; man soll die fehlenden Stücke β, γ und a berechnen.

Auflösung. Man kann auf zweifachen Wegen zum Ziele gelangen: entweder findet man (nach §. 63.) die dritte Seite unmittelbar, und wendet nun für die Winkel den vorigen Satz an, oder aber, man findet unmittelbar aus dem Gegebenen die fehlenden Winkel, und die dritte Seite nach der Proportion der Seiten und Sinus der Gegenwinkel. Wie man die Winkel selbst aus den Datis entwickeln könne, wollen wir nachfolgend zeigen.

Nach §. 66. findet statt:

$$(b+c):(b-c) = \tang \tfrac{1}{2}(\beta+\gamma) : \tang \tfrac{1}{2}(\beta-\gamma).$$

In dieser Proportion findet sich nur ein unbekanntes Glied, und zwar das vierte $\tang \frac{1}{2}(\beta-\gamma)$, da die Summe beider Winkel

$$\beta+\gamma = 2R-\alpha$$

und natürlich auch ihre Hälfte bekannt ist. Man erhält dies vierte Glied aber

$$\text{I.}\quad \tang \tfrac{1}{2}(\beta-\gamma) = \frac{(b-c)\tang \frac{1}{2}(\beta+\gamma)}{b+c}$$

und hat demnach nun

$$\tfrac{1}{2}(\beta+\gamma) \text{ und } \tfrac{1}{2}(\beta-\gamma)$$

als völlig Bekanntes erhalten. Wenn man jedoch, nach früheren Sätzen, von zwei Größen ihre halbe Summe $= s$ und ihre halbe Differenz $= d$ kennt, so ergiebt sich immer die größere $= s+d$ und die kleinere $= s-d$; d. h. in diesem Falle, es findet sich

$$\beta = s+d \text{ und } \gamma = s-d.$$

Hat man Lust die Cotangente in Rechnung zu bringen, so kann man die Gleichung I. auch also umwandeln: da

$$\beta+\gamma = 2R-\alpha,$$

so ist

$$\tfrac{1}{2}(\beta+\gamma) = R - \tfrac{1}{2}\alpha$$

und

$$\operatorname{tang} \tfrac{1}{2}(\beta+\gamma) = \cot \tfrac{1}{2}\alpha,$$

indem $\frac{1}{2}\alpha$ das Complement von $R - \frac{1}{2}\alpha$, und demnach von $\frac{1}{2}(\beta+\gamma)$ ist, und man hat nun

$$\text{II.} \quad \operatorname{tang} \tfrac{1}{2}(\beta-\gamma) = \frac{(b-c)\cot \frac{1}{2}\alpha}{b+c}.$$

Logarithmisch behandelt gestalten sich beide Gleichungen

$$\text{III.} \quad \log \operatorname{tang} \tfrac{1}{2}(\beta-\gamma)$$
$$= \log(b-c) + \log \operatorname{tang} \tfrac{1}{2}(\beta+\gamma) - \log(b+c),$$

$$\text{IV.} \quad \log \operatorname{tang} \tfrac{1}{2}(\beta-\gamma)$$
$$= \log(b-c) + \log \cot \tfrac{1}{2}\alpha - \log(b+c).$$

Zahlenbeispiel. Wenn $b = 17$, $c = 12{,}25843$, und $\alpha = 35^\circ\, 35'\, 4''$ ist, so ergiebt sich

$$b + c = 29{,}25843,$$
$$b - c = 4{,}74157.$$
$$s = \tfrac{1}{2}(\beta+\gamma) = 72^\circ\, 12'\, 28''.$$

Nun ist

$$\log \operatorname{tang} \tfrac{1}{2}(\beta-\gamma)$$
$$= \log 4{,}74157 + \log \operatorname{tang} 72^\circ\, 12'\, 28'' - \log 29{,}25843$$
$$= 0{,}6759222 + 10{,}4936098 - 10 - 1{,}4662511$$
$$= -0{,}2967191 + 10 = 9{,}7032809.$$

Hierzu gehört der Winkel

$$26^\circ\, 47'\, 35'' = d.$$

Es ist also

$$\beta = s + d = 99^\circ\, 0'\, 3''$$

und

$$\gamma = s - d = 45^\circ\, 24'\, 53''.$$

Die Seite a findet sich nun nach der Proportion

$$a : b = \sin\alpha : \sin\beta$$

oder

$$a : 17 = \sin 35^\circ\, 35'\, 4'' : \sin 99^\circ\, 3'',$$

endlich

$$\begin{aligned}\log a &= \log 17 + \log \sin 35^\circ 35' 4'' - \log \sin 99^\circ 3'' \\ &= 1{,}2304489 + 9{,}7648500 - 10 - 9{,}9993201 + 10 \\ &= 1{,}0006799\end{aligned}$$

und

$$a = \text{num} \log 1{,}0006799 = 10{,}015.$$

Uebungen.

	Gegeben.		Gesucht.
1)	$a = 18$	1)	$c = 17{,}66227$
	$b = 48$		$\alpha = 37^\circ 53' 47''$
	$\gamma = 37^\circ 8'$		$\beta = 104^\circ 58' 13''$
2)	$a = 9{,}8$	2)	$c = 13{,}14335$
	$b = 16{,}2$		$\alpha = 37^\circ 12' 42''$
	$\gamma = 54^\circ 11'$		$\beta = 88^\circ 36' 18''$
3)	$a = 37$	3)	$c = 48{,}47310$
	$b = 63$		$\alpha = 35^\circ 51' 52''$
	$\gamma = 50^\circ 8'$		$\beta = 94^\circ 0' 8''$
4)	$a = 24$	4)	$c = 31{,}74888$
	$b = 36$		$\alpha = 40^\circ 53' 37''$
	$\gamma = 60^\circ$		$\beta = 79^\circ 6' 23''$
5)	$c = 317$	5)	$a = 171{,}451$
	$b = 295$		$\beta = 66^\circ 46' 41''$
	$\alpha = 32^\circ 17'$		$\gamma = 80^\circ 56' 19''$

Anmerkung. Bei allen diesen bis jetzt durchgenommenen Berechnungen der fehlenden Stücke eines Dreiecks kann man als Probe das Verfahren anwenden, einige der gefundenen Stücke als gegeben, und die übrigen als gesucht anzunehmen. Wollte man sich z. B. in dem Falle, wo die drei Winkel aus den drei Seiten berechnet wurden, damit begnügen, die Winkel zusammen zu addiren, ob ihre Summe $= 180^\circ$ sei, so wäre dies keinesweges eine sichere Probe, indem solch ein Resultat bei der fehlerhaftesten Rechnung erscheinen könnte. Man kann als eine gute Probe auch etwa eine der früheren Formeln anwenden, z. B. untersuchen, ob $c . \sin \beta = b . \sin \gamma$, oder ob $c . \cos \beta + b . \cos \gamma = a$ ist, u. s. w.

Flächeninhalts- (Areal-) Berechnungen ebener Figuren.

§. 79. Aufgabe.

Aus drei Bestimmungsstücken eines Dreieckes seinen Flächeninhalt zu berechnen.

Auflösung. Der Flächeninhalt eines Dreieckes ist unter allen Umständen das halbe Produkt aus Grundlinie und Höhe; es kommt demnach bei gegebenen Stücken immer darauf an, Werthe für diese beiden Factoren zu finden.

Die hier vorkommenden Fälle sind:

I. Eine Seite und zwei (demnach alle drei) Winkel.

II. Zwei Seiten und ein Gegenwinkel.

III. Zwei Seiten und der eingeschlossene Winkel.

IV. Alle drei Seiten.

Wir wollen diese verschiedenen Fälle nach der Reihe durchnehmen.

I. Vom $\triangle ABC$ Fig. 11. ist gegeben:

$$BC = a, \quad \angle ABC = \beta, \quad \angle ACB = \gamma,$$

und demnach auch

$$\angle BAC = 2R - (\beta + \gamma) = \alpha.$$

Nach Füherem ist

$$h = c \cdot \sin\beta.$$

Es verhält sich aber

$$c : a = \sin\gamma : \sin\alpha,$$

mithin ist

$$c = \frac{a \cdot \sin\gamma}{\sin\alpha}$$

und also

$$h = \frac{a \cdot \sin\gamma \cdot \sin\beta}{\sin\alpha},$$

Man hat Flächeninhalt $= F = \frac{a\,h}{2}$, und also jetzt

$$F = \frac{a \cdot a \cdot \sin\gamma \cdot \sin\beta}{2 \sin\alpha} = \tfrac{1}{2} a^2 \cdot \frac{\sin\gamma \cdot \sin\beta}{\sin\alpha},$$

oder endlich, da man F nur durch die gegebenen Stücke ausdrücken soll:

$$F = \frac{1}{2} a^2 . \frac{\sin\gamma . \sin\beta}{\sin(\beta+\gamma)},$$

indem $\sin\alpha =$ dem Sinus seines Complementes $\beta+\gamma$ ist.

Zuletzt ergiebt sich

$$\log F = 2\log a + \log\sin\gamma + \log\sin\beta - \log 2 - \log\sin(\beta+\gamma).$$

Zahlenbeispiel. Wenn

$$a = 135,\quad \beta = 128^\circ\, 25',\quad \gamma = 24^\circ\, 30',$$

so ist gleich

$$\alpha = [180^\circ - (24^\circ\, 30' + 128^\circ\, 25')] = 27^\circ\, 5'.$$

Man hat also

$$\log F = 2 . \log 135 + \log\sin 128^\circ\, 25' + \log\sin 24^\circ\, 30'$$
$$- \log 2 - \log\sin 27^\circ\, 5' \text{ *)}$$
$$= 4{,}2606676 + 9{,}8940461 - 10 + 9{,}6177270 - 10$$
$$- 0{,}3010300 - 9{,}6582842 + 10$$
$$= 3{,}8131265$$

und

$$F = \text{num}\log 3{,}8131265 = 6503{,}19.$$

II. Vom $\triangle ABC$ Fig. 11. ist gegeben $BC = a$, $AB = c$ und $\angle ACB = \gamma$. Denkt man sich von B und auf AC den Perpendikel BD gefällt, und benennt ihn mit h', so ist

$$F = \frac{b . h'}{2}.$$

Die Seite $AC = b$ besteht aber aus den beiden Stücken AD und CD; davon ist

$$CD = a . \cos\gamma$$

und

$$AD = \sqrt{(c^2 - h'^2)} = \sqrt{(c^2 - a^2 . \sin\gamma^2)} \text{ **)},$$

mithin hat man

$$b = a . \cos\gamma \pm \sqrt{(c^2 - a^2 . \sin\gamma^2)}$$

und endlich

$$F = \tfrac{1}{2} a . \sin\gamma [a . \cos\gamma \pm \sqrt{(c^2 - a^2 . \sin\gamma^2)}].$$

---

*) Da bekanntlich sin 152° 55′ gleich dem Sinus des Supplementes 27° 5′ ist.

**) Indem $h' = a . \sin\gamma$ ist

Da das gefundene Endresultat sich so wenig für die logarithmische Behandlung eignet, so würde man bei wirklicher numerischer Berechnung vorziehen, lieber erst noch einen Winkel zu berechnen, und dann nach No. I. oder No. III. verfahren.

III. Vom $\triangle ABC$ Fig. 11. ist gegeben $BC = a$, $AB = c$ und $\angle ABC = \beta$.

So wie immer ist auch hier

$$F = \frac{ah}{2}$$

aber

$$h = c . \sin \beta,$$

also

$$F = \tfrac{1}{2} ac . \sin \beta$$

und

$$\log F = \log a + \log c + \log \sin \beta - \log 2.$$

Zahlenbeispiel. Wenn

$$a = 863, \quad c = 376, \quad \beta = 157^\circ 13',$$

so wird

$$\log F = \log 863 + \log 376 + \log \sin 22^\circ 47' - \log 2$$
$$= 2,9360108 + 2,5751878 + 9,5879885 - 10 - 0,3010300$$
$$= 4,7981571$$

und

$$F = \text{num} \log 4,7981571 = 62828,56.$$

IV. Vom $\triangle ABC$ sind alle drei Seiten bezüglich $= a, b, c$ gegeben.

Man hat wieder

$$F = \frac{ah}{2} \quad \text{und} \quad h = c . \sin \beta.$$

Es kommt also darauf an, den Sinus von β zu bestimmen, und dies geschieht, wie in §. 76. gezeigt wurde, wo sich

$$\sin \beta = \frac{1}{2ac} \sqrt{[s(s-2a)(s-2b)(s-2c)]}$$

ergab. Jetzt ist demnach

$$F = \frac{a . c . \sin \beta}{2} = \frac{ac}{2} . \frac{1}{2ac} \sqrt{[s(s-2a)(s-2b)(s-2c)]}$$
$$= \tfrac{1}{4} \sqrt{[s(s-2a)(s-2b)(s-2c)]}.$$

Man kann aber den Coefficienten $\frac{1}{4}$ auch als $\frac{1}{16}$ mit unter das Wurzelzeichen bringen und ihn als $\frac{1}{2}.\frac{1}{2}.\frac{1}{2}.\frac{1}{2}$ darstellen, wonach die Flächeninhaltsformel übergeht in

$$F = \sqrt{\left[\frac{s}{2}\left(\frac{s}{2}-a\right)\left(\frac{s}{2}-b\right)\left(\frac{s}{2}-c\right)\right]}$$

und

$$\log F = \tfrac{1}{2}\left[\log\frac{s}{2} + \log\left(\frac{s}{2}-a\right) + \log\left(\frac{s}{2}-b\right) + \log\left(\frac{s}{2}-c\right)\right]$$

wird.

Zahlenbeispiel. Ist $a = 317$, $b = 523$, $c = 267$, so ist

$$\frac{s}{2} = 553{,}5,\quad \left(\frac{s}{2}-a\right) = 236{,}5,\quad \left(\frac{s}{2}-b\right) = 30{,}5,$$
$$\left(\frac{s}{2}-c\right) = 286{,}5.$$

Es wird also

$$F = \sqrt{(553{,}5 \,.\, 236{,}5 \,.\, 30{,}5 \,.\, 286{,}5)}.$$

Die halbe Logarithmensumme der unter dem Wurzelzeichen stehenden vier Factoren ist $= 4{,}5291865$, und daher

$$F = \text{num}\log 4{,}5291865 = 33821{,}01.$$

Ist etwa $b = c$, d. h. ist das Dreieck gleichschenklig, so wird die Flächeninhaltsformel

$$F = \tfrac{1}{4}\sqrt{[(a+2b)(2b-a)a^2]} = \tfrac{1}{4}a\sqrt{[(2b+a)(2b-a)]}.$$

Ist $a = b = c$, also das Dreieck gleichseitig, so hat man

$$F = \tfrac{1}{4}\sqrt{3a^4} = \tfrac{1}{4}a^2\sqrt{3}.$$

§. 80. Aufgabe.

Vom Viereck ABCD Fig. 22. sind beide Diagonalen AC $= m$ und BD $= n$, so wie der von ihnen gebildete Winkel BEC $= \alpha$ gegeben; man soll den Flächeninhalt des Vierecks finden.

Auflösung. Bezeichnet man das Stück BE mit x, so wird DE $= n - x$, und zieht man für beide Dreiecke ABC und ADC bezüglich die Höhen BG, DF, so ist

$$BG = x \,.\, \sin\alpha \quad \text{und} \quad DF = (n-x)\sin\alpha.$$

Man hat folglich

den Flächeninhalt des $\triangle$s $ABC = \frac{1}{2} m x . \sin \alpha$

und den vom $\triangle ADC = \frac{1}{2} m (n - x) . \sin \alpha$,

woraus der gesuchte Flächeninhalt des Vierecks

$$F = ABCD = \tfrac{1}{2} m . \sin \alpha (x + n - x) = \tfrac{1}{2} m n . \sin \alpha$$

hervorgeht.

Anmerkung. Da die Diagonalen m und n constante Größen bleiben können, während α veränderlich ist, so ergiebt sich leicht das Minimum und Maximum des Flächeninhaltes eines Vierecks mit diesen beiden Diagonalen; ersteres, wenn $\alpha = 0$; also $\sin \alpha = 0$ und demnach $F = 0$; letzteres, wenn $\alpha = \frac{1}{2}\pi$, mithin $\sin \alpha = 1$ und $F = \frac{1}{2} m n$ ist.

§. 81. Aufgabe.

Wenn ein gegebenes Viereck ein centrisches (d. h. ein in einen Kreis eingeschriebenes) ist, seinen Flächeninhalt aus den vier Seiten desselben zu berechnen.

Auflösung. Ist in Fig. 22. $AB = a$, $BC = b$, $CD = c$ und $DA = d$, so wäre der Flächeninhalt augenblicklich bekannt, sobald einer der Winkel BAD oder BCD bekannt ist, denn da beide gegenseitig Supplemente sind, so hätte man

$$\sin BAD = \sin BCD$$

und nun wäre

$$\triangle BAD = \tfrac{1}{2} a d . \sin BAD \text{ (nach §. 79. III.)}$$

und

$$\triangle BCD = \tfrac{1}{2} b c . \sin BAD,$$

also

$$F = ABCD = \tfrac{1}{2}(ad + bc) \sin BAD.$$

Da aber der Winkel BAD nicht gegeben ist, so müssen wir ein anderes Verfahren einleiten. Setzt man, wie früher, Diagonale $BD = n$, so hat man

$$\cos BAD = \frac{a^2 + d^2 - n^2}{2ad} \text{ und } \cos BCD = \frac{b^2 + c^2 - n^2}{2bc}$$

und indem nun BCD das Supplement von BAD ist, ergiebt sich

$$\cos BAD = -\cos BCD,$$

oder

$$\frac{a^2+d^2-n^2}{2ad} = -\frac{b^2+c^2-n^2}{2bc}$$

In dieser Gleichung ist n^2 unbekannt; man löse sie also nach n^2 auf, und erhält:

$$2a^2bc+2bd^2c-2bcn^2 = -2ab^2d-2ac^2d+2adn^2$$

und

$$a^2bc+bd^2c+ab^2d+ac^2d = adn^2+bcn^2 \text{ oder}$$

$$\frac{a^2bc+bd^2c+ab^2d+ac^2d}{ad+bc} = n^2.$$

Durch Zerfällung in Factoren wird die Gleichung

$$\frac{ab(ac+bd)+cd(ac+bd)}{ad+bc} = n^2$$

und endlich

$$\frac{(ab+cd)(ac+bd)}{ad+bc} = n^2.$$

Substituirt man diesen für n^2 gefundenen Werth in die Gleichung

$$\cos BAD = \frac{a^2+d^2-n^2}{2ad},$$

so erhält man

$$\cos BAD = \left[a^2+d^2-\frac{(ab+cd)(ac+bd)}{ad+bc}\right]:2ad,$$

woraus endlich wird

$$\cos BAD = \frac{a^2-b^2-c^2+d^2}{2(ad+bc)}.$$

Es ist aber

$$1-\cos BAD = 2(\sin \tfrac{1}{2} BAD)^2 \text{ (nach §. 38.)},$$

also

$$\text{I.} \quad 2(\sin \tfrac{1}{2} BAD)^2 = 1-\frac{a^2-b^2-c^2+d^2}{2(ad+bc)}$$

$$= \frac{(b+c)^2-(a-d)^2}{2(ad+bc)}.$$

Ferner ist

$$1+\cos BAD = 2(\cos \tfrac{1}{2} BAD)^2 \text{ (nach §. 11. } B.\text{)},$$

also

$$\text{II.}\quad 2(\cos\tfrac{1}{2}BAD)^2 = 1 + \frac{a^2 - b^2 - c^2 + d^2}{2(ad+bc)}$$
$$= \frac{(a+d)^2 - (b-c)^2}{2(ad+bc)}.$$

Beide in I. und II. gefundenen Zähler sind aber Differenzen zweier Quadrate, mithin erhält man nach der bekannten Zerlegungsformel

$$2(\sin\tfrac{1}{2}BAD)^2 = \frac{(b+c+a-d)(b+c+d-a)}{2(ad+bc)},$$
$$2(\cos\tfrac{1}{2}BAD)^2 = \frac{(a+d+b-c)(a+d+c-b)}{2(ad+bc)},$$

so wie

$$\sin\tfrac{1}{2}BAD = \sqrt{\left(\frac{(b+c+a-d)(b+c+d-a)}{4(ad+bc)}\right)}$$

und

$$\cos\tfrac{1}{2}BAD = \sqrt{\left(\frac{(a+d+b-c)(a+d+c-b)}{4(ad+bc)}\right)}.$$

Wie schon oft gezeigt, ist

$$\sin BAD = 2\sin\tfrac{1}{2}BAD \,.\, \cos\tfrac{1}{2}BAD,$$

woraus folgert

$$\sin BAD = \frac{\sqrt{[(b+c+d-a)(a+d+c-b)(a+d+b-c)(b+c+a-d)]}}{2(ad+bc)}.$$

Setzen wir jetzt der Bequemlichkeit wegen

$$a+b+c+d = 2s,$$

so wird

$$b+c+d-a = 2(s-a)$$
$$a+d+c-b = 2(s-b)$$
$$a+d+b-c = 2(s-c)$$
$$b+c+a-d = 2(s-d)$$

und unsere Formel nimmt dann die Gestalt an:

$$\sin BAD = \frac{2\sqrt{[(s-a)(s-b)(s-c)(s-d)]}}{ad+bc}.$$

Nach dem Anfang dieses Paragraphen ist aber der Flächeninhalt des centrischen Vierecks

$$F = \tfrac{1}{2}(ad+bc).\sin BAD,$$

weshalb wir nun erhalten

$$F = \sqrt{[(s-a)(s-b)(s-c)(s-d)]}$$

als den gesuchten Werth.

Anmerkung. Setzt man $a+b+c+d=s$, so wird die gefundene Formel

$$F = \sqrt{\left[\left(\frac{s}{2}-a\right)\left(\frac{s}{2}-b\right)\left(\frac{s}{2}-c\right)\left(\frac{s}{2}-d\right)\right]}$$

und wird eine der vier Seiten, etwa $d=0$, d. h. wird das Viereck zum Dreieck, so erhalten wir wie in §. 79. IV.

$$F = \sqrt{\left[\frac{s}{2}\left(\frac{s}{2}-a\right)\left(\frac{s}{2}-b\right)\left(\frac{s}{2}-c\right)\right]}.$$

§. 82. Zusatz.

Vermittelst eines der im vorigen §. erhaltenen Resultate läßt sich auch der sogenannte Ptolomäische Lehrsatz einfach trigonometrisch beweisen. Wir erhielten nämlich

$$n^2 = \frac{(ab+cd)(ac+bd)}{(ad+bc)}$$

und würden auf demselben Wege bekommen

$$m^2 = \frac{(ad+bc)(ac+bd)}{(ab+cd)}.$$

Hieraus folgert

$$m^2 . n^2 = \frac{(ad+bc)(ac+bd)(ab+cd)(ac+bd)}{(ab+cd)(ad+bc)}$$

oder

$$m^2 . n^2 = (ac+bd)(ac+bd) = (ac+bd)^2,$$

also

$$mn = ac+bd.$$

C. Anwendung der Trigonometrie auf regelmäßige Polygone.

§. 83.

Es sei Fig. 23. $AB = b$ die Seite eines regelmäßigen necks, dessen Centriwinkel $ACB = \frac{360}{n} = w$, und dessen Radius $AC = a$ ist, so verhält sich

$$AG : AC = \sin \tfrac{1}{2} w : 1$$

oder

$$\tfrac{1}{2} b : AC = \sin \tfrac{1}{2} w : 1,$$

woher

$$AC = a = \frac{b}{2 \sin \frac{1}{2} w}.$$

Hieraus folgt

$$b = 2 a . \sin \tfrac{1}{2} w;$$

und mithin wird der ganze Umfang des Polygons

$$P = 2 a n . \sin \tfrac{1}{2} w.$$

Zahlenbeispiele. Wie groß ist der Radius a eines Kreises, wenn die Seite des darin beschriebenen regelmäßigen Sechsecks $= 4'$ ist?

Es ergiebt sich

$$a = \frac{4}{2 \sin . 30^\circ} = \frac{4}{2 . \frac{1}{2}} = 4'.$$

Wie groß ist der Radius a eines Kreises, dessen regelmäßige Zehneckseite $= 25^\circ$ ist?

Wir erhalten

$$a = \frac{25}{2 . \sin 18^\circ} = \frac{25}{0{,}6180340} = 40{,}45 \ldots.$$

Bei Anwendung der Logarithmen hätte man

$$\begin{aligned} \log a &= \log 25 - \log 2 - \log \sin 18^\circ \\ &= 1{,}3979400 - 0{,}3010300 - 9{,}4899824 + 10 \\ &= 1{,}6069276 \end{aligned}$$

und

$$a = \text{num} \log 1{,}6069276 = 40{,}45 \ldots$$

Da, wie bekannt, die regelmäßige Zehnecksseite die Mediane des Radius des umschriebenen Kreises ist, so kann man folgende Probe anstellen, ob man richtig gerechnet hat: Es müßte sich nämlich verhalten

$$40{,}45 : 25 = 25 : (40{,}45 - 25),$$

d. h.

$$40{,}45 : 25 = 25 : 15{,}45$$

und demnach

$$25^2 = 40{,}45 \times 15{,}45 \text{ sein.}$$

Man erhält

$$25^2 = 625 \quad \text{und} \quad 40{,}45 \times 15{,}45 = 624{,}9525 \ldots$$

also wenig von einander verschieden.

Wenn der Radius eines Kreises = 10 ist; wie groß ist die Seite des regelmäßigen Zehnecks im Kreise?

Man hat

$$b = 2.10.\sin 18^\circ = 20.0{,}3090170 = 6{,}18034\ldots.$$

Wenn der Radius eines Kreises = 125′ ist; wie groß ist die Seite des regelmäßigen 48ecks im Kreise?

Es ist

$$b = 2.125.\sin 3^\circ 45' = 250.0{,}0654031$$
$$= 16{,}350775\ldots.$$

Um eine Probe dieses Exempels zu machen, sage man umgekehrt: die Seite eines regelmäßigen 48ecks im Kreise ist = 16,351 (abgekürzt); wie groß ist der Radius des umschriebenen Kreises?

Man hat

$$a = \frac{16{,}351}{2\ \sin 3^\circ 45'} = \frac{16{,}351}{0{,}1308062}\ 125{,}001\ldots$$

Will man den kleinen Radius $CG = \varrho$ bestimmen, so gilt die Proportion:

$$CG : AG = 1 : \text{tang}\, \tfrac{1}{2} w$$

oder

$$\varrho : \tfrac{1}{2} b = 1 : \text{tang}\, \tfrac{1}{2} w,$$

also

$$\varrho = \frac{b}{2\,\text{tang}\, \frac{1}{2} w}.$$

Vermöge dieser Formel, verbunden mit den früheren, kann man nun allgemein den Flächeninhalt eines regelmäßigen necks berechnen. Es ist nämlich der Inhalt eines der Dreiecke $ABC = b.\frac{\varrho}{2} = \frac{b^2}{4\ \text{tang}\, \frac{1}{2} w}$ und also der des ganzen Polygons

$$F = \frac{b^2 n}{4\,\text{tang}\, \frac{1}{2} w} = \frac{b^2 n.\cot \frac{1}{2} w}{4}$$

Gesetzt, man hätte die Seite eines regelmäßigen Siebenecks = 5′, so ist der Flächeninhalt

$$F = \frac{25.7}{4\,\text{tang}\, 25^\circ 42' 18''} = \frac{175}{1{,}9254996} = 90{,}8845\ldots.$$

Wollte man zur Probe auf einem etwas langwierigern Wege den Flächeninhalt berechnen, so könnte man auf folgende Weise verfahren:

Es verhält sich

$$CG : AG = \sin CAG : \sin ACG$$

oder

$$CG : 2,5 = \sin 64^\circ 17' 48'' : \sin 25^\circ 42' 18'',$$

also

$$\begin{aligned}\log CG &= \log 2,5 + \log \sin 64^\circ 17' 48'' - \log \sin 25^\circ 42' 18'' \\ &= 0,3979400 + 9,9547437 - 10 - 9,6372271 + 10 \\ &= 0,7154566\end{aligned}$$

und

$$CG = \varrho = \text{num}\log 0,7154566 = 5,1934.$$

Es ist also der Flächeninhalt des Dreiecks

$$ABC = 2,5 . 5,1933 = 12,9835.$$

Dies nun siebenmal genommen giebt:

$$F = 90,8845 \ldots$$

wie vorher.

Wenn die Seite eines regelmäßigen **Fünfecks** $= 7,3$; wie groß ist der Flächeninhalt?

Es ist

$$F = \frac{b^2 n}{4 \tan \frac{1}{2} w} = \frac{266,45}{2,9061704} = 91,6842 \ldots$$

Logarithmisch behandelt hat man

$$\begin{aligned}\log F &= 2 \log 7,3 + \log 5 - \log 4 - \log \tan 36^\circ \\ &= 1,7266458 + 0,6989700 - 0,6020600 \\ &\qquad - 9,8612610 + 10 \\ &= 1,9622948\end{aligned}$$

und

$$F = \text{num}\log 1,9622948 = 91,6842 \ldots$$

Anmerkung. Ist die **Seitenzahl** des regelmäßigen Polygons $n = 4$, so ist $\frac{1}{2} w = 45^\circ$, und da $\tan 45^\circ = 1$ ist, so hat man

$$F = \frac{4 b^2}{4 . 1} = b^2$$

wie es für das Quadrat auch nicht anders sein kann.

Es leuchtet ein, daß man aus der Flächeninhaltsformel auch, wenn die Fläche und die Seitenmenge eines reg. Polygons gegeben sind, die Seitenlänge berechnen könne. Es ist nämlich

$$F = \frac{b^2 n}{4 \tang \frac{1}{2} w},$$

also

$$\frac{4F . \tang \frac{1}{2} w}{n} = b^2$$

und

$$2\sqrt{\left(\frac{F . \tang \frac{1}{2} w}{n}\right)} = b.$$

Substituirt man in diese letzte Formel für b den früher gefundenen Werth $2a . \sin \frac{1}{2} w$, so erhält man

$$2\sqrt{\left(\frac{F . \tang \frac{1}{2} w}{n}\right)} = 2a . \sin \frac{1}{2} w$$

und

$$F . \tang \frac{1}{2} w = n a^2 . \sin \frac{1}{2} w^2$$

oder

$$F = \frac{n a^2 . \sin \frac{1}{2} w^2}{\tang \frac{1}{2} w} = n a^2 . \sin \frac{1}{2} w^2 . \cot \frac{1}{2} w$$

eine Gleichung, welche dazu dient, den Flächeninhalt eines regelmäßigen Polygons aus dem Radius des umschriebenen Kreises zu berechnen.

Z. B. Wie groß ist der Flächeninhalt eines regelmäßigen Zwölfecks, wenn der Radius a des umschriebenen Kreises = 7,5 ist?

Man hat

$$\begin{aligned} \log F &= \log n + 2 \log a + 2 \log \sin \tfrac{1}{2} w + \log \cot \tfrac{1}{2} w \\ &= \log 12 + 2 \log 7{,}5 + 2 \log \sin 15^\circ + \log \cot 15^\circ \\ &= 1{,}0791812 + 1{,}7501226 + 18{,}8259924 - 20 \\ &\qquad + 10{,}5719475 - 10 \\ &= 2{,}2272437 \end{aligned}$$

und

$$F = \text{num} \log 2{,}2272437 = 168{,}75.$$

Wie groß ist der Flächeninhalt eines reg. Neunecks, wenn der Radius des umschriebenen Kreises = 5'' 8''' ist?

Hier ist

$$n = 9, \quad a = 58''', \quad \tfrac{1}{2}w = 20°,$$

also

$$\log F = \log 9 + 2\log 58 + 2\log\sin 20° + \log\cot 20°$$
$$= 0,9542425 + 3,5268560 + 19,0681034 - 20$$
$$+ 10,4389341 - 10$$
$$= 3,9881360$$

also

$$F = \text{num}\log 3,9881360 = 97,3052.$$

§. 84. Zusatz.

Zieht man vom Mittelpunkt des um ein regelmäßiges Polygon beschriebenen Kreises zwei beliebige Radien CD, CE Fig. 23. nach zwei Winkelspitzen D und E des Polygons, so nennt man den Raum CDFE, der von diesen Radien und den Seiten der Figur eingeschlossen wird, einen Ausschnitt derselben. Dieser Ausschnitt kann nun allemal berechnet werden, wenn außer der Seitenzahl n des Polygons, zu dem er gehört, noch eines der drei Stücke a, b oder ϱ gegeben ist. Er ist stets gleich einem Dreiecke, welches die Summe der zwischen den Radien liegenden Seiten zur Grundlinie und ϱ zur Höhe hat; liegen demnach m Seiten dazwischen, so hat man

$$F = \tfrac{1}{2} b m \varrho,$$

und da

$$\varrho = \frac{b}{2\tan\frac{1}{2}w},$$

so wird

$$F = \frac{b^2 m}{4\tan\frac{1}{2}w} = \frac{b^2 m \cdot \cot\frac{1}{2}w}{4}$$

oder, wenn man $b = 2a \cdot \sin\frac{1}{2}w$ setzt, so erhält man

$$F = m a^2 \cdot \sin\tfrac{1}{2}w^2 \cot\tfrac{1}{2}w.$$

Zieht man in irgend einem regelmäßigen Polygone eine Diagonale DE, so nennt man den zwischen ihr und den Seiten der Figur liegenden Raum, den Abschnitt des Polygons. Auch er kann berechnet werden, wenn die Stücke, welche zur Berechnung des Ausschnittes erforderlich sind, gegeben waren; denn, man ziehe dann nur von diesem das $\triangle CDE$ ab, dessen Fläche sich aus zwei Seiten DC, CE und dem von ihnen eingeschlossenen Winkel DCE $= \frac{m\,360^\circ}{n}$ (wenn m Seiten des necks im Abschnitte liegen) ergiebt.

§. 85. Aufgabe.

Es soll ein Kreisabschnitt BEC Fig. 24. berechnet werden, wenn der Bogen desselben in Theilen des Radius $AB = AC = 1$ ausgedrückt, gegeben ist.

Auflösung. Zieht man CD senkrecht auf AB, so ist CD für Radius $= 1$ der Sinus des Bogens BEC $= \alpha$. Der Flächeninhalt des Ausschnittes BAC ist nun gleich dem eines Dreieckes, welches α zur Grundlinie und den Radius zur Höhe hat, d. h.

$$= \tfrac{1}{2}.\alpha.AC = \tfrac{1}{2}.\alpha.1 = \tfrac{1}{2}\alpha.$$

Das Dreieck ABC aber hat einen Inhalt

$$= \tfrac{1}{2}.AB.CD = \tfrac{1}{2}.\sin\alpha$$

und hiernach erhält man den gesuchten Flächeninhalt des Abschnittes

$$= \tfrac{1}{2}(\alpha - \sin\alpha)$$

Man vergesse hierbei nicht, daß α einmal ausdrücklich eine Zahl von Längenmaßen, dann aber mit sin verknüpft Gradmaß des Bogens bedeutet.

Ist der Bogen α nach Graden, Minuten, Sekunden u. s. w., der Radius allgemein $= r$ gegeben, so kann man nach Sätzen der Kreisrechnung leicht das Längenmaß p des Bogens in Theilen des Radius ausgedrückt finden. Man sagt nämlich: „Die Peripherie des mit Radius $= r$ beschriebenen Kreises ist $= 2r\pi$, und es verhält sich demnach

$$360^\circ : \alpha = 2r\pi : p$$

und also

$$p = \frac{\alpha r \pi}{180^\circ}.$$

Es versteht sich von selbst, daß, wenn α noch Minuten enthält, der Nenner mit 60, und wenn sich auch noch Sekunden vorfinden, mit 60.60 = 3600 multiplizirt werden muß. Aus dem für p gefundenen Ausdrucke ergiebt sich umgekehrt

$$\alpha = \frac{180\,p}{r\pi}.$$

Der Ausschnitt BAC ist nun

$$= \tfrac{1}{2}p.r = \frac{\alpha r^2 \pi}{360}.$$

Das Dreieck BAC aber

$$= \tfrac{1}{2}AB.CD = \tfrac{1}{2}r.r\sin\alpha = \tfrac{1}{2}r^2\sin\alpha,$$

und demnach der Abschnitt

$$BEC = \frac{r^2}{2}\left(\frac{\alpha\pi}{180} - \sin\alpha\right).$$

Zahlenbeispiele. Ist

$$\alpha = 29^\circ\,38'\,15'' \quad \text{und} \quad r = 37',$$

so hat man

$$\text{Abschnitt} = 15{,}5801\,\square'.$$

Ist

$$\alpha = 73^\circ\,25'\,11'' \quad \text{und} \quad r = 65',$$

so hat man

$$\text{Abschnitt} = 682{,}3271\,\square'.$$

Uebungen. I. Wenn die Seite eines regelmäßigen Zehnecks = 50,2 ist; wie groß ist die Seite eines reg. Funfzehnecks, welches mit dem Zehneck gleichen Flächeninhalt hat?

Auflösung. Man hat den Flächeninhalt des reg. Polygons

$$F = \frac{b^2.n}{4\,\text{tang}\,\tfrac{1}{2}w} = \frac{b^2\,n.\cot\tfrac{1}{2}w}{4}$$

und Seite

$$b = 2\sqrt{\left(\frac{F.\text{tang}\,\tfrac{1}{2}w}{n}\right)} = 2\sqrt{\left(\frac{F}{n.\cot\tfrac{1}{2}w}\right)}.$$

Der Flächeninhalt des gesuchten Funfzehnecks ist gleich dem des Zehnecks

$$= \frac{10.50{,}2^2.\cot 18^\circ}{4} = \frac{10.2520{,}04.3{,}0776835}{4}$$

$$= 19389{,}7138.$$

Hieraus findet man die Seite

$$b = 2\sqrt{\left(\frac{19389{,}7138}{15.\cot 12^\circ}\right)} = 33{,}15.$$

Der Perimeter des Zehnecks ist $= 10.50,2 = 502$, und der des Funfzehnecks $= 15.33,15 = 497,25$.

Anmerkung Wenn es dem Schüler vielleicht auffallend erscheint, den Perimeter des regelmäßigen Funfzehnecks kleiner als den des mit ihm gleichen Flächeninhalt habenden reg. Zehnecks zu finden, so erinnere er sich nur aus Sätzen der Geometrie, daß bei Polygonen von gleicher Seitenzahl und gleichem Perimeter, das regelmäßige in Beziehung auf Flächeninhalt ein Maximum, und daß also bei gleichem Inhalte, der Perimeter desselben ein Minimum ist. Ferner, daß bei regelmäßigen Polygonen von verschiedener Seitenzahl und gleichem Perimeter der Inhalt desjenigen am größesten, und also bei gleichem Inhalte der Perimeter desjenigen am kleinsten ist, welches die meisten Seiten hat.

II. Wie groß ist die Seite eines regelmäßigen Zwanzigecks, dessen Flächeninhalt dem eines Kreises gleich ist, von welchem man nur weiß, daß zu einer Sehne von 12′ ein Centriwinkel von 35° gehört?

Auflösung. Um den Flächeninhalt des Kreises und also den des Zwanzigecks zu finden, hat man nur nöthig die Seite eines gleichschenkligen Dreiecks zu berechnen, dessen Basis $= 12'$, und dessen ungleicher Winkel $= 35^\circ$ ist. Man erhält die gesuchte Seite

$$a = \frac{6}{\sin 17^\circ 30'} = 19,953$$

und daraus den Flächeninhalt des Kreises $= a^2 \pi$ (unter π die Ludolph'sche Zahl verstanden) $= 19,953^2 . 3,14 = 1250,104$ annähernd. Aus diesem Flächeninhalte des gegebenen reg. Zwanzigecks erhält man die Seite.

$$b = 2\sqrt{\left(\frac{1250,104}{20 . \cot 9^\circ}\right)} = 2\sqrt{9,8997} \ldots = 6,292.$$

III. Wie verhalten sich die Radien zweier Kreise, wenn in einem ein regelmäßiges neck, und im andern ein reg. meck construirt ist, deren Perimeter gleich sind?

Auflösung. Bezeichnen wir die Perimeter durch P, so ergiebt sich die Seite des necks

$$b = \frac{P}{n} \quad \text{oder} \quad \tfrac{1}{2} b = \frac{P}{2n} = s$$

und die des mecks

$$b' = \frac{P}{m} \quad \text{"} \quad \tfrac{1}{2} b' = \frac{P}{2m} = s'.$$

Ist nun AB Fig. 23. zuerst die necksseite, so hat man AG $= s$, und es verhält sich

$$AC : AG = 1 : \sin \frac{180}{n},$$

woraus

$$AC = \frac{s}{\sin \frac{180}{n}}.$$

Bedeutet dann AB die mecksseite, so daß $AG = s'$, so ist

$$AC : AG = 1 : \sin \frac{180}{m}$$

und

$$AC = \frac{s'}{\sin \frac{180}{m}}.$$

Es verhalten sich nun die gedachten Radien wie

$$\frac{s}{\sin \frac{180}{n}} : \frac{s'}{\sin \frac{180}{m}} = \frac{2ns}{2n \,.\, \sin \frac{180}{n}} : \frac{2ms'}{2m \,.\, \sin \frac{180}{m}}$$

$$= \frac{P}{2n \,.\, \sin \frac{180}{n}} : \frac{P}{2m \,.\, \sin \frac{180}{m}}$$

$$= 2m \,.\, \sin \frac{180}{m} : 2n \,.\, \sin \frac{180}{n} = m \,.\, \sin \frac{180}{m} : n \,.\, \sin \frac{180}{n},$$

d. h. die Radien der Kreise verhalten sich umgekehrt wie die Produkte aus den Seitenzahlen in die Sinus der halben Centriwinkel.

IV. Wenn der Radius eines Kreises $= 7{,}5'$ ist; wie verhält sich derselbe in den kleinsten ganzen Zahlen ausgedrückt zum Flächeninhalte des eingeschriebenen regelmäßigen Zwölfecks?

Auflösung. Wie 2:45. Dem Schüler bleibt es überlassen, die Lösung selbst zu finden.

V. Wie verhält sich der Perimeter des regelmäßigen Fünfecks um den Kreis zur Peripherie und zum Perimeter des reg. Fünfecks im Kreise?

Auflösung. Nimmt man den Radius des Kreises = 1, so ist leicht einzusehen, daß, da in beiden Polygonen Seitenzahlen und Centriwinkel einander gleich sind, ihre Perimeter sich auch verhalten wie der Sinus von $\frac{1}{2}$ w zur Tangente von $\frac{1}{2}$ w. Es ist aber $\frac{1}{2}$ w = 36°, und

$$\sin 36^\circ = 0{,}5877853,$$
$$\tan 36^\circ = 0{,}7265426.$$

Das Verhältniß der Peripherie zum Radius 1 ist durch die Zahl 6,2831852 annähernd ausgedrückt; da aber jener Sinus und jene Tangente die 10ten Theile der betreffenden Perimeter sind, so muß man auch die zuletzt gefundene Verhältnißzahl durch 10 dividiren, um sie mit den ersteren zusammenstellen zu können. Man erhält dann, wenn man den Perimeter des Fünfecks im Kreise mit 𝔓 bezeichnet,

$$P : p : \mathfrak{P} = 0{,}7265426 : 0{,}6283185 : 0{,}5877853.$$

Anmerkung. Je mehr Seiten das Polygon enthält, desto geringer ist der Unterschied jener drei Verhältnißzahlen. So hat man sie für Zwanzigecke

$$= 0{,}1583844 : 0{,}1570779 : 0{,}1564345,$$

für Hunderteck

$$= 0{,}0314263 : 0{,}0314159 : 0{,}0314108 \text{ u. s. w.}$$

Man wird bei Untersuchung derselben auch finden, daß die Peripherie keineswegs genau die mittlere Proportionale zwischen den beiden Perimetern ist. Am nächsten kommt ihr noch das additive (arithmetische) Mittel, denn der Perimeter des 100ecks um den Kreis ist für den Radius 1 = 6,2852600; der des 100ecks im Kreise = 6,2821600, welche beide Zahlen das Mittel 6,2837100 für den Radius 1, also die Peripherie für den Durchmesser 1 = 3,1418550 bis zur vierten Dezimalstelle richtig geben. Bei Polygonen von bedeutend mehr Seiten verschwindet die Differenz in den ersten zehn Dezimalstellen ganz, und man hat z. B., wenn

P und 𝔓 648000ecke sind, die Verhältnißzahlen alle drei = 0,0000048481...., worauf die für die Praxis genügend richtige Annahme sich stützt, daß die Peripherie eines Kreises gleich einem Polygone von so vielen Seiten ist, deren Menge jede angebbare Zahl übersteigt. Vergleicht man die Differenzen dreier auf diese Weise gefundenen Verhältnißzahlen, so wird man finden, daß die zwischen der Peripherie und dem Perimeter des Polygons um den Kreis stets größer ist, als die zwischen dem Perimeter des Polygons im Kreise; daß sich also die Peripherie schneller dem letzteren Perimeter nähert. Mit den Flächen dieser Figuren ist es aber gerade umgekehrt, d. h. die Fläche des Kreises nähert sich schneller der des Polygons um denselben. Auch sie ist aber nicht die mittlere Proportionalfläche zwischen beiden Polygonen, wovon man sich leicht durch ein numerisches Beispiel überzeugen kann.

Dritter Abschnitt.

Trigonometrische Aufgaben.

A. Complizirtere Dreiecksaufgaben.

§. 86. Aufgabe.

Von einem Dreiecke ABC Fig. 25. a und b ist gegeben: $BC = a$, $\angle ACB = \gamma$ und die Differenz $AC - AB = b - c = \pm d$ (das $-d$ gilt für Fig. 25. b); man soll die übrigen Stücke b, c, α, β finden.

Auflösung. Hätte man $\angle \alpha$, so wären auch die anderen Stücke bekannt, denn nun hätte man von $\triangle ABC$ eine Seite und alle drei Winkel, und könnte demnach auch die Seiten b und c einzeln finden.

Es verhält sich aber

$$\sin\alpha : a = \sin(\alpha + \gamma) : b,$$

woraus

$$b = \frac{a . \sin(\alpha + \gamma)}{\sin\alpha},$$

ferner

$$\sin\alpha : a = \sin\gamma : c,$$

also

$$c = \frac{a \sin\gamma}{\sin\alpha},$$

und da $b - c = \pm d$, so hat man

$$\frac{a\,[\sin(\alpha + \gamma) - \sin\gamma]}{\sin\alpha.} = \pm d.$$

Nach §. 30. *B.* fanden wir die Differenz zweier Sinus
$\sin(\alpha+\gamma)-\sin\gamma = 2\cos\frac{1}{2}(\alpha+\gamma+\gamma)\sin\frac{1}{2}(\alpha+\gamma-\gamma)$
oder
$\sin(\alpha+\gamma)-\sin\gamma = 2\cos(\gamma+\frac{1}{2}\alpha)\sin\frac{1}{2}\alpha,$
und nach §. 9. ergab sich

$$\sin\alpha = 2\sin\tfrac{1}{2}\alpha.\cos\tfrac{1}{2}\alpha.$$

Es ist also

$$\frac{2a.\cos(\gamma+\frac{1}{2}\alpha)\sin\frac{1}{2}\alpha}{2\sin\frac{1}{2}\alpha.\cos\frac{1}{2}\alpha} = \pm d$$

oder

$$\frac{a.\cos(\gamma+\frac{1}{2}\alpha)}{\cos\frac{1}{2}\alpha} = \pm d.$$

Wie bekannt, ist aber

$$\cos(\gamma+\tfrac{1}{2}\alpha) = \cos\gamma.\cos\tfrac{1}{2}\alpha-\sin\gamma.\sin\tfrac{1}{2}\alpha$$

und

$$\frac{\sin\frac{1}{2}\alpha}{\cos\frac{1}{2}\alpha} = \text{tang}\,\tfrac{1}{2}\alpha,$$

folglich hat man

$$\frac{a.\cos\gamma.\cos\frac{1}{2}\alpha - a.\sin\gamma.\sin\frac{1}{2}\alpha}{\cos\frac{1}{2}\alpha} = \pm d$$

oder

$$a.\cos\gamma - a.\sin\gamma.\text{tang}\,\tfrac{1}{2}\alpha = \pm d$$

und also

$$\text{tang}\,\tfrac{1}{2}\alpha = \frac{a.\cos\gamma\mp d}{a.\sin\gamma} = \cot\gamma\mp\frac{d}{a.\sin\gamma}.$$

Hiernach findet man nun $\frac{1}{2}\alpha$ und daraus α, und also leicht die übrigen Stücke des Dreiecks.

Zahlenbeispiel. Wenn

$$a = 173,\quad d = -27,\quad \gamma = 56°25'13'',$$

so ist

$$\text{tang}\,\tfrac{1}{2}\alpha = \cot 56°25'13'' - \frac{-27}{173.\sin 56°25'13''}$$

$$= 0{,}6638884 + \frac{27}{173.\sin 56°25'13''}.$$

Den zweiten Posten kann man logarithmisch berechnen, denn er ist

$$= \text{num}(\log 27 - \log 173 - \log\sin 56^\circ\, 25'\, 13'')$$
$$= \text{num}(1{,}4313638 - 2{,}2380461 - 9{,}9207060 + 10)$$
$$= \text{num}(0{,}2726117 - 1) = 0{,}1873319.$$

Man hat also

$$\text{tang}\tfrac{1}{2}\alpha = 0{,}6638884 + 0{,}1873319$$
$$= 0{,}8512203,$$

wozu der Winkel von $40^\circ 24' 18''$ gehört, so daß sich endlich

$$\alpha = 80^\circ 48' 36''$$

ergiebt.

§. 87. Aufgabe.

Vom Dreiecke ABC Fig. 26. ist gegeben $BC = a$, die Summe der anderen Seiten $AB + AC = s$ und $\angle BAC = \alpha$; man soll die übrigen Stücke finden *).

Auflösung. Aus α ergiebt sich $\beta + \gamma = 180^\circ - \alpha$, und da man die Summe dieser beiden Winkel kennt, so kommt es bloß darauf an, auch ihre Differenz zu finden, um jeden selbst zu kennen. Setzen wir vor der Hand

$$\beta - \gamma = \varphi,$$

so ist

$$\beta = 180^\circ - \alpha - \gamma, \quad \text{aber} \quad \gamma = \beta - \varphi,$$

also

$$\beta = 180^\circ - \alpha - \beta + \varphi$$

oder

$$2\beta = 180^\circ - \alpha + \varphi,$$

also

$$\beta = 90^\circ - \tfrac{1}{2}\alpha + \tfrac{1}{2}\varphi.$$

Ebenso ergiebt sich

$$\gamma = 90^\circ - \tfrac{1}{2}\alpha - \tfrac{1}{2}\varphi.$$

Nun verhält sich

$$\sin\alpha : a = \sin\beta : b,$$

woraus

*) Es versteht sich, daß sich das Dreieck aus den gegebenen Stücken auch construiren lasse, allein, wie schon in der Einleitung bemerkt wurde, ist die Genauigkeit einer Construction nicht mit der einer Berechnung zu vergleichen. Wir abstrahiren also bei diesen Aufgaben ganz vom constructiven Wege.

$$b = \frac{a \cdot \sin\beta}{\sin\alpha} = \frac{a \cdot \cos\frac{1}{2}(\alpha - \varphi)}{\sin\alpha},$$

indem der Sinus eines Winkels gleich dem Cosinus seines Complementes, und $+\frac{1}{2}\alpha - \frac{1}{2}\varphi$ nach der eben entwickelten Formel für β das Complement ist.

Ferner verhält sich

$$\sin\alpha : a = \sin\gamma : c,$$

woraus

$$c = \frac{a \cdot \sin\gamma}{\sin\alpha} = \frac{a \cdot \cos\frac{1}{2}(\alpha + \varphi)}{\sin\alpha}.$$

Da nun gegeben $b + c = s$, so hat man

$$s = \frac{a\,[\cos\frac{1}{2}(\alpha + \varphi) + \cos\frac{1}{2}(\alpha - \varphi)]}{\sin\alpha}.$$

Es ist aber nach §. 30. *C.* die Summe zweier Cosinus, d. h.

$$\cos\tfrac{1}{2}(\alpha + \varphi) + \cos\tfrac{1}{2}(\alpha - \varphi) = 2\cos\tfrac{1}{2}\alpha \cdot \cos\tfrac{1}{2}\varphi,$$

und da auch

$$\sin\alpha = 2\sin\tfrac{1}{2}\alpha \cdot \cos\tfrac{1}{2}\alpha,$$

so hat man

$$s = \frac{2a \cdot \cos\frac{1}{2}\alpha \cdot \cos\frac{1}{2}\varphi}{2\sin\frac{1}{2}\alpha \cdot \cos\frac{1}{2}\alpha}$$

oder

$$s = \frac{a \cdot \cos\frac{1}{2}\varphi}{\sin\frac{1}{2}\alpha}$$

und

$$\cos\tfrac{1}{2}\varphi = \frac{s \cdot \sin\frac{1}{2}\alpha}{a}\ ^{*)}.$$

Hieraus erhält man $\varphi = \beta - \gamma$, und aus $\beta - \gamma$ und $\beta + \gamma$ ergeben sich β und γ, mithin auch leicht die übrigen Stücke des Dreiecks.

---

*) Als Determination dieser Aufgabe hat man: es muß $a < s$, und $s \cdot \sin\frac{1}{2}\alpha < a$ sein. Das Erstere folgt aus dem Elementargesetze der Geometrie, nach welchem zwei Seiten eines Dreiecks in Summe stets größer als die dritte sein müssen; das Zweite ergiebt sich, wenn man bedenkt, daß der Cosinus eines Winkels nur ein echter Bruch sein kann.

Zahlenbeispiel. Wenn

$$a = 125{,}67, \quad s = 152{,}39, \quad \alpha = 49^\circ 37' 48'',$$

so ist

$$\beta + \gamma = 130^\circ 22' 12''.$$

Nun ist

$$\cos \tfrac{1}{2}\varphi = \frac{152{,}39 \,.\, \sin 24^\circ 48' 54''}{125{,}67}$$

und

$$\log \cos \tfrac{1}{2}\varphi = \log 152{,}39 + \log \sin 24^\circ 48' 54'' - \log 125{,}67$$
$$= 2{,}1829565 + 9{,}6229284 - 10 - 2{,}0992316$$
$$= -0{,}2933467.$$

Paſſ't man den gefundenen Logarithmus den Tafeln an, d. h. addirt man 10 hinzu, so ist

$$\log \cos \tfrac{1}{2}\varphi = -0{,}2933467 + 10 = 9{,}7066533,$$

wozu der Winkel von $59^\circ 24' 28'' = \frac{1}{2}\varphi$ gehört, und wonach

$$\varphi = 118^\circ 48' 56''$$

ist. Aus φ ergiebt sich dann

$$\beta = 124^\circ 35' 34'' \quad \text{und} \quad \gamma = 5^\circ 46' 38''$$

§. 88. Aufgabe.

Vom Dreiecke ABC Fig. 25. a ist gegeben $BC = a$, $\beta - \gamma = \delta$ und $b - c = d$; man soll die übrigen Stücke finden.

Auflösung. Es kommt alles darauf an, die Summe $\beta + \gamma$ zu finden, die wir mit σ bezeichnen wollen. Man hat

$$\beta = \tfrac{1}{2}(\sigma + \delta) \quad \text{und} \quad \gamma = \tfrac{1}{2}(\sigma - \delta) \quad \text{und} \quad \alpha = 180^\circ - \sigma.$$

Jetzt verhält sich

$$\sin \alpha : a = \sin \beta : b$$

oder

$$\sin \sigma : a = \sin \tfrac{1}{2}(\sigma + \delta) : b,$$

woraus

$$b = \frac{a \,.\, \sin \tfrac{1}{2}(\sigma + \delta)}{\sin \sigma}.$$

Ferner verhält sich

$$\sin \alpha : a = \sin \gamma : c$$

oder

$$\sin \sigma : a = \sin \tfrac{1}{2}(\sigma - \delta) : c,$$

woraus

$$c = \frac{a \,.\, \sin \tfrac{1}{2}(\sigma - \delta)}{\sin \sigma},$$

und daher ist

$$b - c = d = \frac{a\,[\sin\tfrac{1}{2}(\sigma + \delta) - \sin\tfrac{1}{2}(\sigma - \delta)]}{\sin\sigma}.$$

Nach dem öfters angeführten §. 30. ist aber

$$\sin\tfrac{1}{2}(\sigma + \delta) - \sin\tfrac{1}{2}(\sigma - \delta) = 2\cos\tfrac{1}{2}\sigma \,.\, \sin\tfrac{1}{2}\delta,$$

und ebenso

$$\sin\sigma = 2\sin\tfrac{1}{2}\sigma \,.\, \cos\tfrac{1}{2}\sigma.$$

Demnach ist

$$\frac{2\,a\cos\tfrac{1}{2}\sigma \,.\, \sin\tfrac{1}{2}\delta}{2\sin\tfrac{1}{2}\sigma \,.\, \cos\tfrac{1}{2}\sigma} = d$$

und endlich

$$\sin\tfrac{1}{2}\sigma = \frac{a \,.\, \sin\tfrac{1}{2}\delta}{d}.$$

Zahlenbeispiel. Wenn

$$a = 234, \quad d = 98, \quad \delta = 30°\,59'\,34'',$$

so ist

$$\sin\tfrac{1}{2}\sigma = \frac{234 \,.\, \sin 15°\,29'\,47''}{98}$$

und

$$\begin{aligned} \log\sin\tfrac{1}{2}\sigma &= \log 234 + \log\sin 15°\,29'\,47'' - \log 98 \\ &= 2{,}3692159 + 9{,}4268001 - 10 - 1{,}9912261 \\ &= -0{,}1952101 \end{aligned}$$

den Tafeln angepass't

$$= -0{,}1952101 + 10 = 9{,}8047899,$$

wozu ein Winkel von

$$39°\,38'\,22'' = \tfrac{1}{2}\sigma$$

gehört. Jetzt hat man auch

$$\beta = \tfrac{1}{2}\sigma + \tfrac{1}{2}\delta = 55°\,8'\,9''$$

und

$$\gamma = \tfrac{1}{2}\sigma - \tfrac{1}{2}\delta = 24°\,8'\,35''.$$

§. 89. Aufgabe.

Vom $\triangle ABC$ Fig. 11. sind gegeben: $\angle\alpha$ und die beiden Projectionen $BD = p$, $DC = q$ der Seiten b und c auf der dritten a; man soll die übrigen Stücke finden.

Auflösung. Es ist

$$\frac{p}{h} = \tang BAD \quad \text{oder} \quad p = h \cdot \tang BAD.$$

Ebenso

$$\frac{q}{h} = \tang CAD \quad \text{oder} \quad q = h \cdot \tang CAD.$$

Es verhält sich also

$$p : q = \tang BAD : \tang CAD$$

und

$$(p+q) : (p-q)$$
$$= (\tang BAD + \tang CAD) : (\tang BAD - \tang CAD).$$

Das rechtsstehende Verhältniß läßt sich aber (nach §. 31.) umwandeln in

$$(p+q) : (p-q) = \sin(BAD + CAD) : \sin(BAD - CAD)$$

d. h in

$$(p+q) : (p-q) = \sin\alpha : \sin(BAD - CAD)$$

Hieraus folgt:

$$\sin(BAD - CAD) = \frac{(p-q)\sin\alpha}{p+q}.$$

Man hat aber

$$\angle BAD = \tfrac{1}{2}\pi - \beta \quad \text{und} \quad \angle CAD = \tfrac{1}{2}\pi - \gamma,$$

mithin

$$BAD - CAD = \gamma - \beta,$$

also

$$\sin(\gamma - \beta) = \frac{(p-q)\sin\alpha}{p+q}.$$

Da nun die Differenz $\gamma - \beta$ bekannt geworden, und die Summe $\gamma + \beta$ schon durch α bekannt war, so läßt sich jetzt β, so wie γ einzeln finden.

Zahlenbeispiel. Wenn

$$p = 247, \quad q = 53, \quad \alpha = 113^\circ 20' 54''$$

ist, so ergiebt sich

$$\beta + \gamma = 66^\circ 39' 6''$$

und

$$\sin(\gamma - \beta) = \frac{194 \sin 113^\circ 20' 54''}{300}$$

$$\log\sin(\gamma-\beta) = \log 194 + \log\sin 113^\circ 20' 54'' - \log 300$$
$$= 2{,}2878017 + 9{,}9628959 - 10 - 2{,}4771213$$
$$= -0{,}2264237$$

oder

$$\log\sin(\gamma-\beta) = 9{,}7735763,$$

wozu ein Winkel von $36^\circ 25' 15''$ gehört.

Jetzt erhält man

$$\beta = 15^\circ 6' 55'' \text{ und } \gamma = 51^\circ 32' 10''.$$

§. 90. Aufgabe.

Vom $\triangle ABC$ Fig. 11. ist gegeben:

$$BC = a,\quad AD = h \quad\text{und}\quad \gamma - \beta = \delta;$$

man soll die übrigen Stücke finden.

Auflösung. Es kommt hier wieder darauf an $\gamma + \beta$ zu finden, und daher setze man $\gamma + \beta = \sigma$.

Nun ist

$$\gamma = \tfrac{1}{2}(\sigma + \delta) \text{ und } \beta = \tfrac{1}{2}(\sigma - \delta).$$

In den rechtwinkligen Dreiecken ADC und ADB hat man

$$\frac{CD}{h} = \cot\tfrac{1}{2}(\sigma+\delta) \text{ also } CD = h.\cot\tfrac{1}{2}(\sigma+\delta),$$

$$\frac{BD}{h} = \cot\tfrac{1}{2}(\sigma-\delta) \text{ also } BD = h.\cot\tfrac{1}{2}(\sigma-\delta).$$

Da aber $CD + BD = a$, so ergiebt sich die Gleichung.

$$a = h[\cot\tfrac{1}{2}(\sigma+\delta) + \cot\tfrac{1}{2}(\sigma-\delta)].$$

Nach §. 31 weiß man, daß

$$\cot\tfrac{1}{2}(\sigma+\delta) + \cot\tfrac{1}{2}(\sigma-\delta) = \frac{\sin\sigma}{\sin\tfrac{1}{2}(\sigma+\delta).\sin\tfrac{1}{2}(\sigma-\delta)}$$

und nach §. 30. *D.* ergiebt sich

$$\sin\tfrac{1}{2}(\sigma+\delta).\sin\tfrac{1}{2}(\sigma-\delta) = \tfrac{1}{2}[\cos\delta - \cos\sigma],$$

weshalb sich der Werth für a gestaltet

$$a = \frac{h.\sin\sigma}{\tfrac{1}{2}(\cos\delta - \cos\sigma)} = \frac{2h.\sin\sigma}{\cos\delta - \cos\sigma},$$

und man erhält

$$\frac{a}{2h}.\cos\delta = \sin\sigma + \frac{a}{2h}.\cos\sigma.$$

Um nun σ auf eine elegante Art berechnen zu können, führe man einen Hülfswinkel φ ein, so daß dessen Tangente $= \frac{a}{2h}$ sei *), wonach die letzte Gleichung sich umformt in

$$\text{tang}\,\varphi . \cos\delta = \sin\sigma + \text{tang}\,\varphi . \cos\sigma,$$

so daß, wenn man beide Seiten mit $\cos\varphi$ multiplizirt, und für $\cos\varphi . \text{tang}\,\varphi$ den Ausdruck $\sin\varphi$ **) setzt, entsteht

$$\sin\varphi . \cos\delta = \cos\varphi . \sin\sigma + \sin\varphi . \cos\sigma,$$

da aber der rechtsstehende Ausdruck $= \sin(\sigma + \varphi)$ ist, so erhält man

$$\sin\varphi . \cos\delta = \sin(\sigma + \varphi).$$

Hieraus erhält man $\sigma + \varphi$, und da φ bekannt ist, auch den gesuchten Winkel $\sigma = \gamma + \beta$.

Zahlenbeispiel. Wenn

$$a = 1365, \quad h = 789, \quad \delta = 21^\circ 39' 18'',$$

so hat man die Tangente des Hülfswinkels $\varphi = \frac{1365}{1578}$ und $\log \text{tang}\,\varphi = 9{,}9370257$, wozu der Winkel von $40^\circ 51' 37{,}55''$ gehört.

Ferner hat man

$$\begin{aligned} \log\sin(\sigma + \varphi) &= \log\sin\varphi + \log\cos\delta \\ &= \log\sin 40^\circ 51' 37{,}55'' + \log\cos 21^\circ 39' 18'' \\ &= 9{,}7839362, \end{aligned}$$

wozu der Winkel $\sigma + \varphi = 37^\circ 26' 53{,}96''$ oder $= 142^\circ 33' 6{,}04''$ gehört.

Der erste der beiden Winkel ist hier nicht zu gebrauchen, da $\sigma + \varphi$ größer sein muß als φ; nimmt man also den zweiten, so erhält man

$$\begin{aligned} \sigma &= 142^\circ 33' 6{,}04'' - 40^\circ 51' 37{,}55'' \\ &= 101^\circ 41' 28{,}49''. \end{aligned}$$

Hieraus nun ergiebt sich

$$\gamma = \tfrac{1}{2}(\sigma + \delta) = 61^\circ 40' 23{,}24'',$$
$$\beta = \tfrac{1}{2}(\sigma - \delta) = 40^\circ 1' 5{,}24''.$$

---

*) Man sehe in Betreff dieser Hülfswinkel die §. §. 25., 63.

**) Da $\text{tang}\,\varphi = \frac{\sin\varphi}{\cos\varphi}$, so ist $\cos\varphi . \text{tang}\,\varphi = \sin\varphi$.

§. 91. Aufgabe.

Vom Dreiecke ABC Fig. 27. ist gegeben $BC = a$, $\gamma - \beta = \delta$ und die Linie AD, welche die Mitte D von a mit A verbindet (Transversale) $= t$; man soll die übrigen Stücke berechnen.

Auflösung. Kennt man $\angle ADC$, so ist auch sein Nebenwinkel ADB bekannt, und es wären die Dreiecke ADC und ADB aus zwei Seiten und dem eingeschlossenen Winkel zu berechnen. Man setze $\angle ADC = \varphi$ und ziehe AE senkrecht auf BC.

Nun ist

$$AE = t.\sin\varphi,\quad DE = t.\cos\varphi,\quad BE = \tfrac{1}{2}a + t.\cos\varphi,$$
$$CE = \tfrac{1}{2}a - t.\cos\varphi.$$

Jetzt hat man

$$\tang\beta = \frac{AE}{BE} = \frac{t.\sin\varphi}{\frac{1}{2}a + t.\cos\varphi},$$
$$\tang\gamma = \frac{AE}{EC} = \frac{t.\sin\varphi}{\frac{1}{2}a - t.\cos\varphi}.$$

Nach §. 21. ist

$$\tang(\gamma - \beta) = \tang\delta = \frac{\tang\gamma - \tang\beta}{1 + \tang\gamma.\tang\beta}.$$

Wenn man nun hierin die für $\tang\gamma$ und $\tang\beta$ gefundenen Werthe substituirt, so ergiebt sich

$$\tang\delta = \frac{t^2.2\sin\varphi.\cos\varphi}{\frac{1}{4}a^2 - t^2(\cos\varphi^2 - \sin\varphi^2)},$$

und da $2\sin\varphi.\cos\varphi = \sin 2\varphi$ und $\cos\varphi^2 - \sin\varphi^2 = \cos 2\varphi$ ist, so folgert

$$\tang\delta = \frac{t^2.\sin 2\varphi}{\frac{1}{4}a^2 - t^2\cos 2\varphi}.$$

Setzt man in diese Gleichung $\frac{\sin\delta}{\cos\delta}$ statt $\tang\delta$, so transformirt sie sich in

$$t^2(\sin 2\varphi.\cos\delta + \cos 2\varphi.\sin\delta) = \tfrac{1}{4}a^2.\sin\delta$$

oder

$$t^2\sin(2\varphi + \delta) = \tfrac{1}{4}a^2.\sin\delta,$$

woraus sich findet

$$\sin(2\varphi+\delta) = \frac{a^2 . \sin\delta}{4t^2}.$$

Hieraus erhält man $2\varphi+\delta$, und da δ gegeben ist, auch φ.

Zahlenbeispiel. Wenn $a = 300$, $\delta = 25^\circ\,40'$, $t = 416$, so ist

$$\begin{aligned}\log\sin(2\varphi+\delta) &= 2.\log 300 + \log\sin 25^\circ 40' - \log 4 - 2\log 416\\ &= 4{,}9542426 + 9{,}6366231 - 10 - 0{,}6020600\\ &\qquad - 5{,}2381866\\ &= -1{,}2493809\end{aligned}$$

und für die Tafeln

$$= -1{,}2493809 + 10 = 8{,}7506191.$$

Hierzu gehören die Winkel von $3^\circ\,13'\,41''$ und $176^\circ\,46'\,19''$, wovon nur der letztere brauchbar ist.

Da nun

$$2\varphi+\delta = 176^\circ\,46'\,19'',$$

so ist

$$2\varphi = 176^\circ\,46'\,19'' - 25^\circ\,40' = 151^\circ\,6'\,19''$$

und

$$\varphi = 75^\circ\,33'\,9{,}5''$$

Jetzt hat man

$$\tang\beta = \frac{416 . \sin 75^\circ\,33'\,9{,}5''}{150 + 416 . \cos 75^\circ\,33'\,9{,}5''} = 1{,}5873284,$$

wozu der Winkel $\beta = 57^\circ\,47'\,22''$ gehört.

Ferner ist

$$\tang\gamma = \frac{416 . \sin 75^\circ\,33'\,9{,}5''}{150 - 416 . \cos 75^\circ\,33'\,9{,}5''} = 8{,}7173238,$$

wozu sich Winkel $\gamma = 83^\circ\,27'\,22''$ ergiebt.

Man findet in der That

$$\gamma - \beta = 83^\circ\,27'\,22'' - 57^\circ\,47'\,22'' = 25^\circ\,40'.$$

§. 92. Aufgabe.

Vom Dreieck ABC Fig. 11. sind die drei Winkel α, β, γ einzeln, und die Summe der drei Seiten $a+b+c=s$ gegeben; man soll die Seiten selbst finden.

Auflösung. Aus den bekannten Stücken erhält man folgende Gleichungen:

$$1)\quad a+b+c=s,$$
$$2)\quad c.\sin\beta=b.\sin\gamma,$$
$$3)\quad a.\sin\beta=b.\sin\alpha.$$

Entwickelt man a aus 3), so daß nämlich

$$a=\frac{b.\sin\alpha}{\sin\beta},$$

c aus 2), so daß

$$c=\frac{b.\sin\gamma}{\sin\beta};$$

und substituirt diese Werthe in 1), so erhält man

$$b+\frac{b.\sin\alpha}{\sin\beta}+\frac{b.\sin\gamma}{\sin\beta}=s.$$

Hieraus ergiebt sich

$$b=\frac{s.\sin\beta}{\sin\alpha+\sin\beta+\sin\gamma}.$$

Bekanntlich ist aber $\sin\beta=2\sin\frac{1}{2}\beta.\cos\frac{1}{2}\beta$ und nach §. 37.

$$\sin\alpha+\sin\beta+\sin\gamma=4\cos\tfrac{1}{2}\alpha.\cos\tfrac{1}{2}\beta.\cos\tfrac{1}{2}\gamma.$$

Mithin ist

$$b=\frac{s.\sin\frac{1}{2}\beta}{2\cos\frac{1}{2}\alpha.\cos\frac{1}{2}\gamma}.$$

Auf dieselbe Weise findet man

$$a=\frac{s.\sin\frac{1}{2}\alpha}{2\cos\frac{1}{2}\beta.\cos\frac{1}{2}\gamma},$$

$$c=\frac{s.\sin\frac{1}{2}\gamma}{2\cos\frac{1}{2}\alpha.\cos\frac{1}{2}\beta}.$$

Zahlenbeispiel. Wenn $s=27$, $\frac{1}{2}\alpha=42^\circ\,57'\,10{,}5''$, $\frac{1}{2}\beta=27^\circ\,20'\,53{,}5''$, $\frac{1}{2}\gamma=19^\circ\,42'\,1''$, so ist

$$\begin{aligned}\log a &= \log 27+\log\sin 42^\circ\,57'\,10{,}5''-\log 2\\ &\qquad -\log\cos 27^\circ\,20'\,53{,}5''-\log\cos 19^\circ\,42'\,1''\\ &= 1{,}4313638+9{,}8334003-10-0{,}3010300\\ &\qquad -9{,}9485259+10-9{,}9738059+10\\ &= 1{,}0414023\end{aligned}$$

und $a=\text{num}\log 1{,}0414023=11$ sehr nahe.

Ebenso findet man $b=9$ und $c=7$.

§. 93. Aufgabe.

Vom Dreieck ABC Fig. 28. sind gegeben BC = a, und die drei Winkel α, β, γ; man soll den Radius ϱ des eingeschriebenen Kreises berechnen.

Auflösung. Die Halbirungslinien der Winkel β und γ schneiden sich im Mittelpunkte M des eingeschriebenen Kreises, dessen Radien $= \varrho$ die Senkrechten MD, ME, MF sind.

Im rechtwinkligen $\triangle$BDM verhält sich

$$MD : BD = \sin\tfrac{1}{2}\beta : \cos\tfrac{1}{2}\beta,$$

oder

$$\varrho : BD = \sin\tfrac{1}{2}\beta : \cos\tfrac{1}{2}\beta,$$

also

$$BD = \frac{\varrho . \cos\frac{1}{2}\beta}{\sin\frac{1}{2}\beta}.$$

Im rechtwinkligen $\triangle$CDM verhält sich

$$\varrho : CD = \sin\tfrac{1}{2}\gamma : \cos\tfrac{1}{2}\gamma$$

mithin ist

$$CD = \frac{\varrho . \cos\frac{1}{2}\gamma}{\sin\frac{1}{2}\gamma},$$

und da BD + CD = a, so hat man

$$a = \varrho\left[\frac{\cos\frac{1}{2}\beta}{\sin\frac{1}{2}\beta} + \frac{\cos\frac{1}{2}\gamma}{\sin\frac{1}{2}\gamma}\right]$$

$$= \varrho\left[\frac{\sin\frac{1}{2}\beta . \cos\frac{1}{2}\gamma + \sin\frac{1}{2}\gamma . \cos\frac{1}{2}\beta}{\sin\frac{1}{2}\beta . \sin\frac{1}{2}\gamma}\right]$$

$$= \varrho\left[\frac{\sin\frac{1}{2}(\beta+\gamma)}{\sin\frac{1}{2}\beta . \sin\frac{1}{2}\gamma}\right].$$

Hieraus erhält man

$$\varrho = \frac{a . \sin\frac{1}{2}\beta . \sin\frac{1}{2}\gamma}{\sin\frac{1}{2}(\beta+\gamma)}.$$

Nun ist $\frac{1}{2}(\beta+\gamma) + \frac{1}{2}\alpha = 90°$, also $\frac{1}{2}\alpha$ das Complement von $\frac{1}{2}(\beta+\gamma)$, mithin

$$\sin\tfrac{1}{2}(\beta+\gamma) = \cos\tfrac{1}{2}\alpha$$

und so ergiebt sich

$$\varrho = \frac{a . \sin\frac{1}{2}\beta . \sin\frac{1}{2}\gamma}{\cos\frac{1}{2}\alpha}.$$

§. 94. Aufgabe.

Vom Dreieck ABC Fig. 29. sind die Höhen AE = h, BD = h′, CF = h″ gegeben; man soll die Winkel und Seiten des Dreiecks finden.

Auflösung. Nimmt man wie früher, die drei Seiten BC = a, AC = b, AB = c, und ebenso die Winkel bezüglich = α, β, γ, so hat man

$$\frac{h}{c} = \sin\beta, \quad \frac{h'}{c} = \sin\alpha, \quad \frac{h}{b} = \sin\gamma, \quad \frac{h''}{b} = \sin\alpha,$$

und demnach die Proportionen

$$1)\quad h : h' = \sin\beta : \sin\alpha,$$

$$2)\quad h : h'' = \sin\gamma : \sin\alpha,$$

woraus sich die Gleichungen

$$3)\quad h . \sin\alpha = h' \sin\beta,$$

$$4)\quad h . \sin\alpha = h'' . \sin\gamma$$

ergeben. Es kann aber statt $\sin\gamma$ der ihm gleiche Ausdruck $\sin(\alpha + \beta)$ gesetzt werden, wonach man erhält:

$$5)\quad h \sin\alpha = h'' . \sin\alpha \cos\beta + h'' . \cos\alpha . \sin\beta.$$

Jetzt entwickele man aus 3) Ausdrücke für $\sin\beta$ und $\cos\beta$; diese sind

$$6)\quad \sin\beta = \frac{h}{h'} . \sin\alpha$$

und

$$7)\quad \cos\beta = \sqrt{(1 - \sin\beta^2)} = \sqrt{\left[1 - \left(\frac{h}{h'}\right)^2 \sin\alpha^2\right]}$$

$$= \frac{1}{h'}\sqrt{[(h')^2 - h^2 . \sin\alpha^2]} = \frac{1}{h'}\sqrt{[(h')^2 - h^2 + h^2 . \cos\alpha^2]},$$

wenn man statt $\sin\alpha^2$ den gleichen Werth $1 - \cos\alpha^2$ setzt.

Diese Werthe in 5) substituirt, geben

$$8)\quad h . \sin\alpha$$

$$= h'' . \sin\alpha . \frac{1}{h'}\sqrt{[(h')^2 - h^2 + h^2 . \cos\alpha^2]} + h'' . \cos\alpha . \frac{1}{h'}\sin\alpha,$$

oder

$$h . h' = h''\sqrt{[(h')^2 - h^2 + h^2 . \cos\alpha^2]} + h'' . h . \cos\alpha$$

und

$$h . h' - h . h'' . \cos\alpha = h''\sqrt{[(h')^2 - h^2 + h^2 . \cos\alpha^2]}.$$

Um hieraus $\cos\alpha$ zu finden, quadrire man beide Seiten der Gleichung, und es wird

$$h^2.(h')^2 - 2h^2 h'.h''.\cos\alpha + h^2.(h'')^2.\cos\alpha^2$$
$$= (h'')^2.[(h')^2 - h^2 + h^2.\cos\alpha^2],$$
$$h^2.(h')^2 - 2h^2.h'.h''.\cos\alpha + h^2.(h'')^2.\cos\alpha^2$$
$$= (h'')^2.(h')^2 - h^2.(h'')^2 + h^2(h'')^2.\cos^2,$$
$$h^2(h')^2 - 2h^2.h'h''.\cos\alpha = (h'')^2.(h')^2 - h^2.(h'')^2,$$

$$9)\quad \frac{h^2.(h')^2 - (h'')^2.(h')^2 + h^2(h'')^2}{2h^2.h'.h''} = \cos\alpha.$$

Auf gleiche Weise findet man

$$10)\quad \frac{h^2(h')^2 - h^2(h'')^2 + (h'')^2.(h')^2}{2(h')^2.h''.h} = \cos\beta,$$

$$11)\quad \frac{h^2(h'')^2 - h^2(h')^2 + (h'')^2.(h')^2}{2(h'')^2.h'.h} = \cos\gamma.$$

Aus den drei Cosinus der Winkel eines Dreiecks kann man nun (nach §. §. 65., 76.) die drei Sinus finden, wenn man $(h'')^2.(h')^2 = a^2$, $h^2.(h'')^2 = b^2$ und $h^2(h')^2 = c^2$ setzt, und dann ebenso wie dort verfährt.

Es ergiebt sich z. B.

$$\sin\alpha = \frac{1}{2h^2h'h''}\sqrt{\begin{bmatrix}(hh'+hh''+h'h'')(hh'+hh''-h'h'') \\ \times(hh'+h'h''-hh'')(hh''+h''h'-hh')\end{bmatrix}}.$$

Um die drei Seiten a, b, c zu finden, hat man die drei Gleichungen

$$1)\quad h' = a.\sin\gamma \text{ woraus } a = \frac{h'}{\sin\gamma},$$

$$2)\quad h'' = b.\sin\alpha \quad " \quad b = \frac{h''}{\sin\alpha},$$

$$3)\quad h' = c.\sin\alpha \quad " \quad c = \frac{h'}{\sin\alpha},$$

und es ist z. B.

$$c = \frac{2h^2.(h')^2.h''}{\sqrt{\begin{bmatrix}(hh'+hh''+h'h'')(hh'+hh''-h'h'') \\ \times(hh'+h'h''-hh'')(hh''+h'h''-hh')\end{bmatrix}}}.$$

Setzt man, der Kürze wegen, den unter dem Wurzelzeichen stehenden Ausdruck $= s$, so wird

$$c = \frac{2h^2.(h')^2.h''}{\sqrt{s}}.$$

Will man aus den gegebenen Datis auch den Flächeninhalt des Dreiecks berechnen, so erhält man, da dieser $= \frac{c}{2}.h''$ ist, die merkwürdige Formel

$$F = \frac{(h.h'.h'')^2}{\sqrt{s}}.$$

§. 95. Aufgabe.

Da sich in einem Dreiecke die Seiten nicht zu einander verhalten wie ihre Gegenwinkel, so können wir die Aufgabe stellen: In einem Dreiecke ABC Fig. 29. sollen sich zwei Seiten $AC = b$ und $BC = a$ zu einander verhalten wie $2:3$; ihre Gegenwinkel β und α wie $1:2$; wie groß sind diese?

Auflösung. Es verhält sich

$$b:a = \sin\beta:\sin\alpha$$

oder

$$2:3 = \sin\beta:\sin\alpha,$$

also

$$\sin\alpha = \frac{3.\sin\beta}{2}.$$

Ferner soll sich verhalten

$$\beta:\alpha = 1:2,$$

d. h.

$$\beta = \tfrac{1}{2}\alpha,$$

wonach

$$\sin\beta = \sin\tfrac{1}{2}\alpha,$$

mithin

$$\sin\alpha = \tfrac{3}{2}.\sin\tfrac{1}{2}\alpha.$$

Es ist aber

$$\sin\alpha = 2\sin\tfrac{1}{2}\alpha.\cos\tfrac{1}{2}\alpha,$$

also

$$2\sin\tfrac{1}{2}\alpha.\cos\tfrac{1}{2}\alpha = \tfrac{3}{2}.\sin\tfrac{1}{2}\alpha,$$

und

$$\sin\tfrac{1}{2}\alpha.\cos\tfrac{1}{2}\alpha = \tfrac{3}{4}.\sin\tfrac{1}{2}\alpha,$$

endlich

$$\cos\tfrac{1}{2}\alpha = \tfrac{3}{4} = 0{,}75.$$

Hieraus ergiebt sich

$$\tfrac{1}{2}\alpha = \beta = 41^\circ\,24'\,35'' \text{ und } \alpha = 82^\circ\,49'\,10''.$$

Die Aufgabe ist unbestimmt, da von den Seiten a und b nur das Verhältniß bekannt ist. In allen Fällen aber, wo in einem Dreiecke zwei Winkel die eben gefundene Größe haben, und wo die eine Gegenseite gegeben ist, findet sich die andere im Verhältniß von 2:3 oder von 3:2 mit der gegebenen. Hat man z. B. $a = 300$, $\alpha = 82°49'10''$, $\beta = 41°24'35''$, so verhält sich

$$x : 300 = \sin 41°24'35'' : \sin 82°49'10''$$

und es ist

$$\log x = \log 300 + \log \sin 41°24'35'' - \log \sin 82°49'10''$$
$$= 2,4771213 + 9,8204899 - 10 - 9,9965805 + 10$$
$$= 2,3010307,$$

wozu die Zahl 200 als Nummer angenommen werden kann.

§. 96. Aufgabe.

Das Dreieck ABC Fig. 30. ist durch die Linie DE halbirt, und man sucht die Größe des Stückes BE, wenn $BC = a$, $AB = c$ und $BD = n$ gegeben sind.

Auflösung. Der Flächeninhalt des Dreiecks ABC ist (nach §. 79. III.)

$$F = \frac{ac . \sin \beta}{2}.$$

Der des Dreieckes

$$BDF = f = \frac{nx . \sin \beta}{2},$$

wenn man BE durch x bezeichnet. Nun ist $f = \frac{1}{2}F$, also

$$\frac{nx . \sin \beta}{2} = \frac{ac . \sin \beta}{4}$$

und

$$x = \frac{ac}{2n}.$$

Zahlenbeispiel. Wenn

$$a = 90,09, \quad c = 45,63, \quad n = 34,5,$$

so ist

$$x = \frac{90,09 \times 45,63}{69} = 59,5769\ldots.$$

§. 97. Aufgabe.

In der Grundlinie BC des gleichschenkligen Dreiecks ABC Fig. 31. ist ein Punkt E gegeben; wenn seine Entfernung von A, d. h. AE $=$ d und die Winkel BAE $= \alpha$, EAC $= \beta$ bekannt sind, soll man BE $=$ x und EC $=$ y berechnen.

Auflösung. Es verhält sich

$$\sin ABE : \sin \alpha = d : x$$

und da

$$\sin ABE = \sin \frac{2R - (\alpha + \beta)}{2} = R - \frac{\alpha + \beta}{2} = \cos \frac{\alpha + \beta}{2}$$

ist, so transformirt sich obige Proportion in

$$\cos \frac{\alpha + \beta}{2} : \sin \alpha = d : x,$$

woraus

$$x = \frac{d . \sin \alpha}{\cos \frac{\alpha + \beta}{2}}.$$

Ebenso findet man

$$y = \frac{d . \sin \beta}{\cos \frac{\alpha + \beta}{2}}.$$

Zahlenbeispiel. Wenn

$$d = 35{,}36, \quad \alpha = 17^\circ\, 10', \quad \beta = 59^\circ\, 30',$$

so ist

$$BE = 13{,}305, \quad CE = 38{,}84.$$

§. 98. Aufgabe.

In der Seite AC des Dreiecks ABC Fig. 32. ist ein Punkt P gegeben, welcher diese Seite im Verhältniß von m:n schneidet; man kennt den Winkel β und die Senkrechten PD $=$ a, PE $=$ b und soll PA $=$ x und PC $=$ y berechnen.

Auflösung. Ziehe PF $\#$ BC und PG $\#$ AB, so ist $\angle AFP = \angle PGC = \beta$.

Im Dreieck FDP ist $FP = \frac{a}{\sin \beta}$,

im Dreieck EGP ist $GP = \frac{b}{\sin \beta}$.

Verhält sich nun PA : PC = m : n, so verhält sich aus leicht zu erkennenden Gründen auch BG : GC = m : n.

Es ist aber

$$BG = FP = \frac{a}{\sin\beta},$$

und demnach ergiebt sich nun

$$m : n = \frac{a}{\sin\beta} : GC,$$

woraus

$$GC = \frac{an}{m.\sin\beta}.$$

Im Dreieck PGC verhält sich

$$(CG + GP) : (CG - GP) = \text{tang}\,\frac{s}{2} : \text{tang}\,\frac{d}{2},$$

wenn man $\angle GPC + \angle GCP$ mit s, und $\angle GPC - \angle GCP$ mit d bezeichnet; demnach ergiebt sich

$$\angle GPC = \frac{s}{2} + \frac{d}{2} \text{ und } \angle GCP = \frac{s}{2} - \frac{d}{2}.$$

Jetzt hat man im Dreieck PEC die Seite $PC = \frac{b}{\sin GCP}$ und im Dreiecke DAP die Seite $AP = \frac{a}{\sin\angle A} = \frac{a}{\sin GPC}$, beide also durch bekannte Zahlen ausgedrückt.

Zahlenbeispiel. Wenn a = 35,85, b = 56,7, $\beta = 59^\circ 20'$, m = 68,32 und n = 117,8, so ergiebt sich

PA = 39,665, PC = 68,392.

B. Viereckaufgaben.

§. 99. Aufgabe.

Vom Viereck ABCD Fig. 33. sind alle 4 Seiten a, b, c, d gegeben; man soll die Winkel finden, wenn man noch weiß, daß zwei derselben $\angle D$ und $\angle C$ einander gleich sind, und an derselben Seite liegen.

Auflösung. Verlängert man AD und BC über A und B hinaus, so werden sie bei ihrem Schnitt ein gleichschenkliges Dreieck EDC bilden, in welchem $EA = x$ und $EB = y$ zu setzen ist, so daß man $d + x = b + y$ annehmen kann.

Im $\triangle EDC$ ist bekanntlich

$$\tfrac{1}{2}c = (d + x).\cos D = (b + y).\cos C$$

also

$$\text{I.} \quad c = 2(d + x).\cos D.$$

Ferner hat man

$$a^2 = x^2 + y^2 - 2xy.\cos E,$$

und da $D + C$ das Complement von E, demnach

$$\cos E = -\cos(D + C) = -\cos 2D$$

ist, so wird

$$a^2 = x^2 + y^2 + 2xy.\cos 2D.$$

Es ist aber

$$\cos 2D = (2\cos D^2 - 1),$$

also ergiebt sich

$$a^2 = x^2 + y^2 + 2xy(2\cos D^2 - 1)$$

oder

$$\text{II.} \quad a^2 = (x - y)^2 + 4xy.\cos D^2.$$

Aus diesen beiden Gleichungen, verbunden mit jener, wo

$$d + x = b + y$$

oder

$$\text{III.} \quad x - y = b - d$$

war, kann man auf nachstehende Weise den Winkel D entwickeln:

Aus I. erhält man

$$\frac{c}{2\cos D} - d = \frac{c - 2d.\cos D}{2\cos D} = x.$$

Aus II. ergiebt sich

$$d - b + x = d - b + \frac{c - 2d.\cos D}{2\cos D}$$

$$= \frac{c - 2b.\cos D}{2\cos D} = y.$$

Substituirt man beide für x und y gefundenen Werthe in die Gleichung II., so folgert

$$\left(\frac{c - 2d.\cos D - c + 2b.\cos D}{2\cos D}\right)^2$$

$$+ \frac{(c - 2d.\cos D)(c - 2b.\cos D)}{4.\cos D^2} 4\cos D^2 = a^2$$

oder

$$\text{IV.}\quad (b-d)^2+(c-2d.\cos D)(c-2b.\cos D)=a^2.$$

Hieraus erhält man

$$(b-d)^2+c^2-2cd.\cos D-2bc.\cos D+4bd.\cos D^2=a^2,$$

und endlich

$$\text{V.}\quad \cos D^2-\frac{c(b+d)\cos D}{2bd}=\frac{a^2-c^2-(b-d)^2}{4bd}.$$

In Beziehung auf den gesuchten Cosinus von D ist obige Gleichung eine vermischt-quadratische, die also nach den bekannten Regeln durch Hinzufügung des Quadrates von $\frac{c(b+d)}{4bd}$ auf beiden Seiten zu vervollständigen, und dann nach $\cos D$ aufzulösen ist. Man erhält als Resultat

$$\cos D=\frac{c(b+d)\pm\sqrt{\{c^2(b-d)^2+4bd[a^2-(b-d)^2]\}}}{4bd}$$

eine Formel, die allerdings für logarithmische Behandlung unbrauchbar ist.

§. 100. Aufgabe.

Im Viereck ABCD Fig. 34. sind eine Diagonale BD $=m$ und die Winkel α, β, γ, δ an der anderen Diagonale AC gegeben; man soll die fehlenden Stücke des Vierecks berechnen.

Auflösung. Durch α, β, γ, δ sind nicht nur allein die Winkel DAB und DCB, sondern auch Winkel ADC $=\pi-(\alpha+\gamma)$ und $\angle ABC=\pi-(\beta+\delta)$ stillschweigend mitgegeben. Hätte man den $\angle BDC=x$ gefunden, so wären auch alle übrigen Winkel bekannt, denn nun hätte man

$$\angle DBC=\pi-(\gamma+\delta+x),$$

$$\angle ABD=\angle BEC-\beta=\pi-(\delta+\pi-(\gamma+\delta+x))-\beta$$
$$=x+\gamma-\beta,$$

$$\angle ADB=\pi-(\alpha+\gamma+x).$$

Die Summe aller dieser vier Winkel beträgt

$$\begin{array}{llll}
BDC & = +x & & \\
DBC & = -x-\gamma-\delta+\pi & & \\
ABD & = +x+\gamma & & -\beta \\
ADB & = -x-\gamma & +\pi-\alpha & \\
\hline
 & -\gamma-\delta+2\pi-\beta-\alpha & &
\end{array}$$

dazu kommen

$$\begin{array}{l}
+\gamma+\delta \quad +\beta+\alpha \\
\hline
2\pi = 360^\circ
\end{array}$$

in Summe

Im Dreieck DBC hat man die Proportion

$$BD:BC = \sin(\gamma+\delta):\sin x.$$

Ebenso ist richtig

$$AB:BD = \sin(\alpha+\gamma+x):\sin(\alpha+\beta)$$

und

$$BC:AB = \sin\beta:\sin\delta.$$

Hieraus folgt durch Zusammensetzung

$$1:1 = \sin(\gamma+\delta).\sin(\alpha+\gamma+x).\sin\beta:\sin x.\sin(\alpha+\beta).\sin\delta,$$

also die Gleichung

$$\text{I.}\quad \sin x.\sin(\alpha+\beta).\sin\delta = \sin\beta\sin(\gamma+\delta).\sin(\alpha+\gamma+x).$$

Um aus dieser Gleichung x zu finden, setze man

$$\sin(\alpha+\gamma+x) = \sin[(\alpha+\gamma)+x]$$
$$= \sin(\alpha+\gamma)\cos x + \cos(\alpha+\gamma)\sin x$$

und substituire diesen Werth rechts in die Gleichung I.; man erhält

$$\sin x.\sin(\alpha+\beta).\sin\delta$$
$$= \sin\beta\sin(\gamma+\delta).\sin(\alpha+\gamma)\cos x$$
$$+ \sin\beta\sin(\gamma+\delta)\cos(\alpha+\gamma)\sin x.$$

Nun dividire man beide Seiten durch $\sin x$, so kommt

$$\sin(\alpha+\beta)\sin\delta$$
$$= \sin\beta.\sin(\gamma+\delta)\sin(\alpha+\gamma)\frac{\cos x}{\sin x}$$
$$+ \sin\beta\sin(\gamma+\delta)\cos(\alpha+\gamma),$$

und hieraus bekommt man, da $\frac{\cos x}{\sin x} = \cot x$,

$$\cot x = \frac{\sin(\alpha+\beta)\sin\delta - \sin\beta\sin(\gamma+\delta)\cos(\alpha+\gamma)}{\sin\beta\sin(\gamma+\delta)\sin(\alpha+\gamma)}$$

oder

$$\text{II.}\quad \cot x = \frac{\sin(\alpha+\beta)\sin\delta}{\sin\beta\sin(\gamma+\delta)\sin(\alpha+\gamma)} - \cot(\alpha+\gamma).$$

Nachdem nun cot x und alle übrigen Winkel gefunden sind, erhält man die Seiten aus den Proportionen

$$AB:m = \sin(ADC - x):\sin(\alpha+\beta),$$
$$BC:m = \sin x:\sin(\gamma+\delta),$$
$$DC:m = \sin(x+\gamma+\delta):\sin(\gamma+\delta),$$
$$AD:m = \sin(ADC - x+\alpha+\beta):\sin(\alpha+\beta).$$

§. 101. Aufgabe.

Der Flächeninhalt eines Vierecks ABCD Fig. 35. soll berechnet werden, wenn die vier Seiten $AB = a$, $BC = b$, $CD = c$, $AD = d$ gegeben sind, und man weiß, daß einer der Winkel, z. B. ADC, ein Rechter ist.

Auflösung. Man ziehe die Diagonale AC, so ist

$$AC^2 = c^2 + d^2 \text{ und } AC = \sqrt{(c^2+d^2)} = m.$$

In dem Dreiecke ABC sind nun alle drei Seiten bezüglich $= a, b, m$ bekannt, und man hat daher den Flächeninhalt desselben

$$f = \tfrac{1}{4}\sqrt{[s(s-2a)(s-2b)(s-2m)]},$$ nach §. 79. IV., wenn man $a+b+m = s$ setzt. Da AD senkrecht auf DC steht, so ist der Flächeninhalt des Dreiecks ADC

$$f' = \tfrac{1}{2}dc,$$

und also der Flächeninhalt F des ganzen Vierecks $= f + f'$

$$= \tfrac{1}{2}dc + \tfrac{1}{4}\sqrt{[s(s-2a)(s-2b)(s-2m)]}.$$

Zahlenbeispiel. Wenn $a = 32$, $b = 41$, $c = 39$ und $d = 28$ ist, so ergiebt sich

$$m = 48{,}0104 \text{ und } F = 1194{,}3332.$$

§. 102. Aufgabe.

Von einem Paralleltrapezio ABCD Fig. 36. sind eine der parallelen Seiten $AB = a$, die Höhe $CG = h$, und die an AB liegenden Winkel $CAB = \alpha$, $DBA = \beta$ gegeben; man soll den Flächeninhalt des Paralleltrapeziums finden.

Auflösung. Ziehe $AM \# BD$, so entsteht ein Parallelogramm ABDM, dessen Fläche $= AB \times CG = ah$ ist. Ferner hat man $\angle CAM = \pi - (\alpha + \beta)$, denn $\angle ACM = \alpha$. und $\angle AMC = \beta$. Nun ist die Fläche des Dreiecks $ACM = \frac{h}{2} . MC$, und da $MC = NC + NM$, bestimme man diese Stücke aus folgenden Proportionen:

$$h : NC = \sin\alpha : \cos\alpha \quad \text{also} \quad NC = \frac{h . \cos\alpha}{\sin\alpha},$$

$$h : NM = \sin\beta : \cos\beta \quad \text{"} \quad NM = \frac{h . \cos\beta}{\sin\beta},$$

und

$$MC = \frac{h . \cos\alpha}{\sin\alpha} + \frac{h . \cos\beta}{\sin\beta}$$

oder

$$MC = \frac{h . \cos\alpha . \sin\beta + h . \cos\beta . \sin\alpha}{\sin\alpha . \sin\beta}.$$

Jetzt ergiebt sich die Fläche des Dreiecks ACM

$$= \frac{h^2 . \sin(\alpha + \beta)}{2 \sin\alpha . \sin\beta}.$$

Da nun der Flächeninhalt des gegebenen Paralleltrapeziums gleich dem des Parallelogrammes ABDM weniger dem des Dreiecks ACM ist, so ergiebt sich derselbe in

$$F = ah - \frac{h^2 . \sin(\alpha + \beta)}{2 \sin\alpha . \sin\beta}.$$

Wäre die kleinere Parallele $CD = a$ gegeben worden, so mußte man $CE \# BD$ ziehen, dann die Inhalte des Parallelogrammes CEBD und des Dreiecks CAE berechnen und beide addiren; man würde dann erhalten haben

$$F = ah + \frac{h^2 . \sin(\alpha + \beta)}{2 \sin\alpha . \sin\beta}.$$

§. 103. Aufgabe.

Von einem Parallelogramme ABCD Fig. 37. sind die Seiten $AB = a$, $BD = b$, und der von ihnen eingeschlossene

Winkel ABD $= \varphi$ gegeben; man soll die Diagonale BC und die Winkel α, β berechnen.

Auflösung. Das Dreieck ABC läßt sich leicht auflösen, da von ihm zwei Seiten AB $= a$ und AC $= b$, so wie der eingeschlossene Winkel CAB $= \pi - \varphi$ bekannt sind; man erhält aus ihm

$$BC = \sqrt{(a^2 + b^2 - 2ab . \cos CAB)}.$$

Es ist aber $\cos CAB = -\cos \varphi$, mithin

$$BC = \sqrt{(a^2 + b^2 + 2ab . \cos \varphi)}.$$

Führt man, wie es in §. 63. gelehrt wurde, einen Hülfswinkel ψ ein, so daß

$$\tang \psi = \frac{2 \sin \frac{1}{2} \varphi \sqrt{ab}}{a - b}$$

ist, und operirt wie dort, um die für BC erhaltene Form für logarithmische Anwendung einzurichten, so erhält man zuletzt

$$BC = \frac{a - b}{\cos \psi}.$$

Die Winkel α und β findet man nun leicht aus den Proportionen

$$BC : AC = \sin CAB : \sin \alpha$$

oder

$$BC : b = \sin \varphi : \sin \alpha.$$

Aus α ergiebt sich $\beta = 2R - \alpha - CAB$.

§. 104. Aufgabe.

Vom Vierecke ABCD Fig. 38. sind gegeben AD $= a$, BC $= b$, $\angle ADC = \alpha$, $DAC = \beta$ und $ABC = \gamma$; man soll den Flächeninhalt desselben berechnen.

Auflösung. Man verlängere die beiden nicht gegebenen Seiten AB und DC, bis sie sich im Punkte E schneiden. Das Dreieck ADE läßt sich nun vollständig berechnen, da von ihm eine Seite AD und alle drei Winkel bekannt sind. Nach §. 79. I. ist sein Flächeninhalt

$$f = \frac{1}{2} a^2 . \frac{\sin \alpha . \sin \beta}{\sin (\alpha + \beta)}.$$

Im Dreiecke BCE kennt man ebenfalls die Seite BC, $\angle EBC = \pi - \gamma$ und $\angle BCE = \pi - 360^\circ + \alpha + \beta + \gamma$; man hat also seinen Flächeninhalt, da die Sinus der Winkel EBC, ECB bezüglich denen ihre Supplemente γ und δ (wenn man $\angle BCD = \delta$ setzt) gleich sind

$$f' = \tfrac{1}{2} b^2 . \frac{\sin\gamma . \sin\delta}{\sin(\gamma + \delta)}$$

oder, da die Summe $\gamma + \delta = \alpha + \beta$ ist,

$$f' = \tfrac{1}{2} b^2 . \frac{\sin\gamma . \sin\delta}{\sin(\alpha + \beta)}.$$

Hieraus ergiebt sich der gesuchte Flächeninhalt des Vierecks $ABCD = f - f'$, oder

$$F = \frac{a^2 \sin\alpha . \sin\beta - b^2 \sin\gamma . \sin\delta}{2 \sin(\alpha + \beta)}.$$

Zahlenbeispiel. Hat man $a = 536$, $b = 379$, $\alpha = 83^\circ 28'$, $\beta = 69^\circ 34'$, $\gamma = 102^\circ 20'$, so ist

$$F = 145209{,}1.$$

§. 105. Aufgabe.

Vom Viereck ABCD Fig. 38. sind gegeben die Seiten $AD = a$, $AB = c$ und $DC = d$, so wie die Winkel $ADC = \alpha$ und $DAB = \beta$; man soll den Flächeninhalt desselben finden.

Auflösung. Man verlängere wiederum die Seiten AB und DC bis sie sich in E treffen. Vom $\triangle ADE$ sind eine Seite $AD = a$ und alle drei Winkel bekannt; man hat daher die Proportion

$$\sin E : AD = \sin\alpha : AE$$

oder

$$\sin(\alpha + \beta) : a = \sin\alpha : AE,$$

also ist

$$AE = \frac{a . \sin\alpha}{\sin(\alpha + \beta)}.$$

Ferner verhält sich

$$\sin(\alpha + \beta) : a = \sin\beta : DE,$$

mithin ist

$$DE = \frac{a . \sin\beta}{\sin(\alpha + \beta)}.$$

Hieraus ergiebt sich

$$BE = AE - AB = \frac{a . \sin\alpha}{\sin(\alpha + \beta)} - c,$$

$$CE = DE - DC = \frac{a . \sin\beta}{\sin(\alpha + \beta)} - d.$$

Nun ist aber (nach §. 79. III.) der Flächeninhalt eines Dreiecks, wenn zwei Seiten und der von ihnen eingeschlossene Winkel gegeben sind, gleich dem halben Produkte dieser Seiten multiplizirt mit dem Sinus des eingeschlossenen Winkels, und man erhält demnach den Inhalt des Dreiecks BCE

$$f' = \tfrac{1}{2}\left[\frac{a . \sin\alpha}{\sin(\alpha+\beta)} - c\right]\left[\frac{a . \sin\beta}{\sin(\alpha+\beta)} - d\right] . \sin(\alpha+\beta).$$

Der Inhalt des Dreiecks ADE ist aber

$$f = \tfrac{1}{2} a^2 . \frac{\sin\alpha . \sin\beta}{\sin(\alpha+\beta)},$$

und da das Viereck ABCD = △ADE — △BCE ist, so ergiebt sich

$$f - f' = F = \tfrac{1}{2}\,[ac . \sin\beta + ad . \sin\alpha - cd . \sin(\alpha+\beta)].$$

Zahlenbeispiel. Wenn $a = 205$, $c = 287$, $d = 167{,}4$, $\alpha = 75^\circ\, 13'$, $\beta = 49^\circ\, 36'$, so findet man

$$\tfrac{1}{2} ac . \sin\beta = 22425{,}96; \quad \tfrac{1}{2} ad . \sin\alpha = 16590{,}51;$$

$$\tfrac{1}{2} cd . \sin(\alpha+\beta) = 19742{,}19,$$

und demnach

$$F = 19274{,}28.$$

§. 106. Aufgabe.

Von einem Viereck ABCD Fig. 39. sind 4 Seiten AB = a, BC = b, CD = c, AD = d und ein Winkel BAD = α gegeben; man soll den Flächeninhalt desselben berechnen.

Auflösung. Man ziehe die Diagonale BD, und da nun von dem Dreiecke ABD zwei Seiten und der eingeschlossene Winkel bekannt sind, so läßt sich sein Flächeninhalt (nach §. 79. III.) berechnen; er ist

$$f = \tfrac{1}{2} ad . \sin\alpha.$$

Ferner läßt sich vom Dreieck ABD die Seite DB nach dem allgemeineren Pythagoräischen Lehrsatze bestimmen; sie ist

$$DB = \sqrt{(a^2 + d^2 - 2ad.\cos\alpha)} = m.$$

Jetzt kennt man vom Dreiecke DBC bezüglich die drei Seiten = b, c, m, und wenn man ihre Summe = s setzt, ergiebt sich der Inhalt desselben

$$f' = \tfrac{1}{4}\sqrt{[s(s-2b)(s-2c)(s-2m)]}.$$

Auf diese Weise nun ergiebt sich der gesuchte Flächeninhalt des Vierecks

$$f + f' = F = \tfrac{1}{2}ad.\sin\alpha + \tfrac{1}{4}\sqrt{[s(s-2b)(s-2c)(s-2m)]}.$$

Anmerkung. Diese Aufgabe hängt mit der in §. 101. gegebenen genau zusammen, und jene ist ein specieller Fall von dieser, nämlich der, wenn $\alpha = \frac{1}{2}\pi = 90°$ ist.

C. Aufgaben aus der Feldmeßkunst.

§. 107. Die Pothenot'sche Aufgabe auf Meßkunst angewandt.

Die sogenannte Pothenot'sche Aufgabe, oder das Problem der vier Punkte verlangt folgendes: Ein Dreieck ABC Fig. 40. ist in Beziehung auf Seiten und Winkel bekannt; in der Ebene dieses Dreiecks liegt ein vierter Punkt D, von dem aus die Seite BC unter dem Winkel α und die Seite AC unter dem Winkel β erscheint; man soll die Winkel CAD = x und CBD = y berechnen. Praktisch lautete demnach die Aufgabe: Man kennt drei von einem Punkte auf dem Felde sichtbare Objecte in Beziehung ihrer Entfernungen und Winkel unter einander; man soll die proportionale Lage dieses Punktes zu jenen drei Objecten bestimmen.

Auflösung I. Kennt man den Winkel α, so ergiebt sich aus ihm auch der andere $y = 360° - ACB - (\alpha + \beta) - x$, und hieraus folgt dann leicht die praktische Lösung der Aufgabe. Wir wollen also ein Mittel angeben, den Winkel x zu finden.

Die Differenz $360^\circ - ACB - (\alpha + \beta)$ ist eine bekannte Größe, und werde durch δ bezeichnet, so daß man $y = \delta - x$ erhält. Nehmen wir nun ferner $BC = a$, $AC = b$ an, so verhält sich im Dreieck CAD

$$CD : b = \sin x : \sin \beta;$$

woraus

$$CD = \frac{b \cdot \sin x}{\sin \beta}.$$

Im Dreieck CBD verhält sich aber

$$CD : a = \sin y : \sin \alpha$$

oder

$$CD : a = \sin(\delta - x) : \sin \alpha,$$

woraus

$$CD = \frac{a \cdot \sin(\delta - x)}{\sin \alpha}.$$

Da beide rechts erhaltenen Ausdrücke = CD sind, so ergiebt sich die Gleichung

$$\frac{b \cdot \sin x}{\sin \beta} = \frac{a \cdot \sin(\delta - x)}{\sin \alpha}$$

oder

$$\frac{b \cdot \sin \alpha}{a \cdot \sin \beta} = \frac{\sin(\delta - x)}{\sin x}.$$

Nach §. 7. ist aber

$$\sin(\delta - x) = \sin \delta \cdot \cos x - \cos \delta \cdot \sin x,$$

es geht also die Gleichung über in:

$$\frac{b \cdot \sin \alpha}{a \sin \beta} = \frac{\sin \delta \cdot \cos x - \cos \delta \cdot \sin x}{\sin x}$$

oder

$$\frac{b \cdot \sin \alpha}{a \cdot \sin \beta} = \sin \delta \cdot \cot x - \cos \delta.$$

Dividirt man jetzt diese Gleichung durch $\sin \delta$, so entsteht

$$\frac{b \cdot \sin \alpha}{a \cdot \sin \beta \cdot \sin \delta} = \cot x - \cot \delta$$

und also

$$\cot x = \frac{b \cdot \sin \alpha}{a \cdot \sin \beta \cdot \sin \delta} + \cot \delta.$$

Das gefundene Resultat ist im Ganzen nicht zweckmäßig für die Logarithmation, doch kann sie wenigstens beim ersten Posten angewandt werden. Bei numerisch gegebenen Seiten und Winkeln hat man übrigens die Positivität und Negativität der Functionen wohl zu berücksichtigen. Der Punkt D kann mannigfache Lagen zu den drei anderen haben; er kann im Dreiecke ABC, in einer Seite desselben, außerhalb, in der Verlängerung einer Seite, ja auch in der Peripherie des um ABC beschriebenen Kreises liegen, in welchem letzteren Falle die Aufgabe völlig unbestimmt ist.

Auflösung II. Man finde, wie in der ersten Auflösung, die Gleichung

$$\frac{a.\sin y}{\sin\alpha} = \frac{b.\sin x}{\sin\beta},$$

woraus folgt

$$\frac{\sin y}{\sin x} = \frac{b.\sin\alpha}{a.\sin\beta}.$$

Jetzt führe man einen Hülfswinkel φ ein, dergestalt, daß dessen Tangente

$$\tang\varphi = \frac{b.\sin\alpha}{a.\sin\beta}$$

ist. Hiernach erhält man

$$\tang\varphi = \frac{\sin y}{\sin x}$$

und

$$\frac{1+\tang\varphi}{1-\tang\varphi} = \frac{1+\frac{\sin y}{\sin x}}{1-\frac{\sin y}{\sin x}} = \frac{\sin x+\sin y}{\sin x-\sin y}.$$

Wir fanden in §. 44.

$$\tang(45^\circ+\alpha) = \frac{1+\tang\alpha}{1-\tang\alpha},$$

erhalten also nach Analogie

$$\frac{1+\tang\varphi}{1-\tang\varphi} = \tang(45^\circ+\varphi).$$

Nach §. 32. No. 3. ergiebt sich aber analog

$$\frac{\sin x + \sin y}{\sin x - \sin y} = \frac{\tang \frac{1}{2}(x+y)}{\tang \frac{1}{2}(x-y)},$$

so daß man erhält

$$\tang(45^\circ + \varphi) = \frac{\tang \frac{1}{2}(x+y)}{\tang \frac{1}{2}(x-y)}.$$

Die Winkelsumme $x+y$, und demnach auch $\frac{1}{2}(x+y)$ ist bekannt, und bezeichnen wir letzteren Werth durch m, so geht unsere Gleichung über, in

$$\tang(45^\circ + \varphi) = \frac{\tang m}{\tang \frac{1}{2}(x-y)},$$

woraus folgert

$$\tang \tfrac{1}{2}(x-y) = \frac{\tang m}{\tang(45^\circ + \varphi)} = \tang m . \cot(45^\circ + \varphi).$$

Aus dem erhaltenen Werthe für $\tang \frac{1}{2}(x-y)$ folgt $\frac{1}{2}(x-y)$ selbst; aus $\frac{1}{2}(x-y)$ und $\frac{1}{2}(x+y)$ ergeben sich auf die bekannte Weise die Winkel x und y. Diese zweite Auflösung (von dem französischen Mathematiker Delambre) ist zwar keinesweges kürzer als die erste, allein sie gewährt den Vortheil einer ganz logarithmischen Behandlung des Resultates. Hat man Tafeln der natürlichen trigonometrischen Functionen, so wird man allerdings lieber die erste Lösungsmethode wählen, während die zweite im Gegenfalle vorzuziehen sein dürfte. Auch hier ist die Positivität oder Negativität der Functionen stets wohl im Auge zu haben.

Zahlenbeispiele. I. Für die in Auflösung I. gefundene Formel, wenn der Punkt D außerhalb des Dreiecks ABC liegt. Es sei $a = 2000$, $b = 1112$, $\angle ACB = 115^\circ$, $\alpha = 45^\circ$, $\beta = 25^\circ$. Die Differenz δ ergiebt sich jetzt $= 360^\circ - (115^\circ + 45^\circ + 25^\circ) = 175^\circ$, und die Formel für $\cot x$ wird

$$\cot x = \frac{1112 . \sin 45^\circ}{2000 . \sin 25^\circ . \sin 175^\circ} + \cot 175^\circ.$$

Der Posten links ist durchaus positiv, indem $\sin 175^\circ = \sin 5^\circ$ ist; der Posten rechts, d. h. die Cotangente von 175° ist negativ, weil $\cot 175^\circ = \frac{\cos 175^\circ}{\sin 175^\circ} = \frac{-\cos 5}{+\sin 5}$. Jetzt behandle man den linken Posten logarithmisch, und man erhält seinen Logarithmus

$$= \log 1112 + \log 45^\circ - \log 2000 - \log \sin 25^\circ - \log \sin 5^\circ$$
$$= 3{,}0461048 + 9{,}8494850 - 10 - 3{,}3010300$$
$$- 9{,}6259483 + 10 - 8{,}9402960 + 10$$
$$= 1{,}0283155$$

und also seine Zahl

$$= \text{num} \log 1{,}0283155 = 10{,}67371 \ldots.$$

Ferner ist $\cot 175^\circ = -\cot 5^\circ = -11{,}430052$, und also

$$\cot x = 10{,}67371 - 11{,}430052 = -0{,}756342.$$

Da sich die Cotangente von x negativ ergeben hat, so muß der zugehörige Winkel ein stumpfer sein; betrachtet man den gefundenen Werth aber als positiv, und sucht ihn in der Tafel der natürlichen Cotangenten auf, so findet man dazu den spitzen Winkel von 52° 54′, dessen Supplement man also $= 127^\circ\, 6'$ als gesuchten Winkel x zu nehmen hat. Hieraus ergiebt sich $\angle y = \delta - x = 175^\circ - 127^\circ\, 6' = 47^\circ\, 54'$.

Anmerkung. Im Falle man etwa keine Tafeln der natürlichen trigonometrischen Functionen, sondern nur die Logarithmen derselben zur Hand haben sollte, so kann man auch damit den $\angle x$ folgendermaßen berechnen: Der Zahlenwerth einer Cotangente für den Radius $= 1$ wird gefunden, wenn man von dem Logarithmus derselben 10 subtrahirt, und für den Rest die zugehörige Nummer sucht. Mag auch die gefundene Nummer negativ sein, so betrachte man sie als positiv, suche dazu den gemeinen Logarithmus, addire zu ihm 10, und man hat nun log cot für den Radius 10000000000. Auf diese Weise findet man unter den Logarithmen der Cotangenten für x den spitzen Winkel von 52° 54′; war aber die Cotangente von Hause aus negativ, so hat man nicht diesen, sondern sein Supplement von $180^\circ - 52^\circ\, 54' = 127^\circ\, 6'$ zu nehmen.

II. Für die in Auflösung II. gefundene Formel, wenn der Punct D ebenfalls außerhalb des Dreiecks ABC liegt. Bleiben die Zahlenwerthe wie vorhin, so hat man

$$\tang\varphi = \frac{2000 . \sin 25^\circ}{1112 . \sin 45^\circ},$$

wozu der Winkel von $47^\circ 4' 7''$ gehört.

Ferner hat man $\frac{1}{2}(x+y) = 87^\circ 30', = m$, und

$$\tang\frac{1}{2}(x-y) = \tang 87^\circ 30' . \cot(45^\circ + 47^\circ 4' 7'')$$
$$= \tang 87^\circ 30' . \cot 92^\circ 4' 7''$$
$$= -0{,}8272840$$

Da die gefundene Tangente negativ erscheint, so müßte man den zugehörigen stumpfen Winkel von $140^\circ 24'$ nehmen; da aber $\frac{1}{2}(x-y)$ nicht größer sein kann als $\frac{1}{2}(x+y)$, so ist das spitze Supplement von $39^\circ 36'$ der gesuchte Winkel. Man hat nun

$$\frac{1}{2}(x+y) = 87^\circ 30',$$
$$\frac{1}{2}(x-y) = 39^\circ 36',$$

also in der Summe beider $= 127^\circ 6'$ den Winkel x gefunden.

Man kann auch zur numerischen Berechnung des Winkels x folgendes Raisonnement anstellen: Es ist, wenn man $\angle ACB = v$ und $\angle ADB = w$ setzt

$$\frac{1}{2}(v+w) = \pi - \frac{1}{2}(x+y)$$

und

$$\frac{1}{2}(v+w)+y = \pi - \frac{1}{2}(x+y)+y$$
$$= \pi - \frac{x-y+2y}{2}$$
$$= \pi - \frac{1}{2}(x-y)$$

folglich

$$\tang[\frac{1}{2}(v+w)+y] = \tang[\pi - \frac{1}{2}(x-y)].$$

Nun ist $\frac{1}{2}(x-y)$ das Supplement des Ausdruckes rechts; es hat also stets $\tang\frac{1}{2}(x-y)$ mit $\tang[\pi-\frac{1}{2}(x-y)]$ entgegengesetzte Vorzeichnung; demnach ist

$$\text{I.} \quad -\tang\frac{1}{2}(x-y) = +\tang[\pi - \frac{1}{2}(x-y)]$$
$$= +\tang\frac{1}{2}[(v+w)+y].$$

Es war aber auch

$$\tang\frac{1}{2}(x-y) = \tang m . \cot(45^\circ+\varphi)$$
$$= \tang[\pi - \frac{1}{2}(v+w)] . \cot(45^\circ+\varphi);$$

folglich ist

$$\text{II.} \quad -\tang\frac{1}{2}(x-y) = \tang\frac{1}{2}(v+w) . \cot(45^\circ+\varphi).$$

Aus den Gleichungen I. und II. ergiebt sich

$$\tan[\tfrac{1}{2}(v+w)+y] = \tan\tfrac{1}{2}(v+w)\,.\cot(45^\circ+\varphi).$$

Hat man nun den Hülfswinkel φ nach der Formel

$$\tan\varphi = \frac{b\,.\sin\alpha}{a\,.\sin\beta}$$

gefunden, so ist $\angle\,\tfrac{1}{2}(v+w)+y$ leicht logarithmisch zu berechnen.

Nehmen wir die früheren numerischen Werthe wieder an, so war $\varphi = 47^\circ\,4'\,7''$, und ist $\tfrac{1}{2}(v+w) = 92^\circ\,30'$; demnach hat man

$$\tan(92^\circ\,30'+y) = \tan 92^\circ\,30'.\cot 92^\circ\,4'\,7''$$

oder

$$\tan(92^\circ\,30'+y) = 0{,}8272840,$$

wozu sich der spitze Winkel von 39° 36′ und der stumpfe von 140° 24′ ergiebt. In diesem Falle ist nur der letztere brauchbar, und man erhält

$$y = 140^\circ\,24' - 92^\circ\,30' \quad = 47^\circ\,54'$$

und dann

$$x = 360^\circ - (185^\circ + 47^\circ\,54') = 127^\circ\,6'.$$

III. Für die in Auflösung I. gefundene Formel, wenn der Punkt D Fig. 41. innerhalb des Dreiecks ABC liegt. Es sei $BC = a = 3796$, $AC = b = 2514$, $\angle ACB = 65^\circ\,7'$, $\angle\alpha = 113^\circ\,20'$, $\angle\beta = 135^\circ\,19'$.

Zuerst hat man die Differenz $\delta = 46^\circ\,14'$, und da sowohl $\sin\delta$ als auch $\cot\delta$ positiv sind, so erhält man beide Posten der Formel für $\cot x$ positiv.

Der erste Posten ist

$$\frac{b\,.\sin\alpha}{a\,.\sin\beta\,\sin\delta} = \frac{2514\cdot\sin 113^\circ\,20'}{3796\,.\sin 135^\circ\,19'.\sin 46^\circ\,14'},$$

also hat man seinen Logarithmus

$$= \log 2514 + \log\sin 113^\circ\,20' - \log 3796 - \log\sin 135^\circ\,19' - \log\sin 46^\circ\,14'$$

$$= 3{,}4003653 + 9{,}9629449 - 10 - 3{,}5793262 - 9{,}8470714 + 10 - 9{,}8586351 + 10$$

$$= 0{,}0782775.$$

Demnach ist der erste Posten gleich der hierzu gehörenden Nummer

$$= 1{,}1975050.$$

Dazu kommt

$$\cot 46^\circ 14' = 0{,}9578494.$$

Mithin ist die Summe

$$2{,}1553544 = \cot x$$

Hierzu gehören der spitze Winkel von 24° 53′ 22″ und der convexe von 204° 53′ 22″, wovon aber, wie leicht einzusehen ist, nur der erstere gebraucht werden kann.

§. 108. Zusatz.

Vorstehende Aufgabe wird praktisch beim Feldmessen durch das sogenannte: Rückwärtseinschneiden gelös't. Es kommt nämlich hierbei allein darauf an, den Meßtisch mit den darauf festgelegten Punkten so aufzustellen, daß ihre Verbindungslinien zu einer ebenen Figur, mit den gedachten Verbindungslinien der correspondirenden Objecte im Felde parallel laufen. Ist dies bewerkstelligt, und sind nur zwei der Objecte sichtbar, so findet sich der Punkt, auf welchem man steht, augenblicklich proportional durch den Schnitt zweier rückwärts verlängerten Visirlinien nach jenen Objecten hin. Sind nun drei Objecte sichtbar, die auch schon auf dem Tische festgelegt sind, so ist also dies Dreieck nach den Maßen seiner Winkel und Seiten bekannt, und da man auch die Gesichtswinkel α und β messen kann, so ist nach dem vorigen einer der Winkel x oder y zu finden. Sind aber beide gefunden, so werden sich zwei an AC und BC respective unter denselben angetragene Linien, im gesuchten Punkte D schneiden. Es versteht sich wohl von selbst, daß dieses rechnende Verfahren für den Messer ohne Nutzen sein wird; erstens, wegen des nicht unbedeutenden Zeitaufwandes, den eine solche Rechnung erfordert, und zweitens, weil sie das Dasein von Winkelmeßinstrumenten voraussetzt, die namentlich dem Militair nicht immer zur Hand sein dürften. Die Feldmeßkunst lehrt daher mehrere andere Auflösungen dieses Problems, deren weitere Erklärung aber hier übergangen werden muß.

§. 109. Aufgabe.

Vier in gerader Linie liegende Objecte A, B, C, D Fig. 42. können von einem seitwärts liegenden Punkte E gesehen werden; es sind die Entfernungen $AB = a$, $CD = b$, und die drei Winkel $AEB = \alpha$, $BEC = \gamma$, $CED = \beta$ bekannt; man soll die Entfernung $BC = x$ finden.

Auflösung. Der Flächeninhalt des Dreiecks ABE ist $= \frac{AE.BE.\sin\alpha}{2}$, und der des Dreiecks

$$ADE = \frac{AE.DE.\sin(\alpha+\beta+\gamma)}{2}.$$

Es verhält sich aber auch

$$\triangle AEB : \triangle AED = a : (a+b+x),$$

also hat man

$$BE.\sin\alpha : DE.\sin(\alpha+\beta+\gamma) = a : (a+b+x).$$

Auf die nämliche Weise ist

$$\triangle BEC = \frac{BE.CE.\sin\gamma}{2}$$

und

$$\triangle CED = \frac{DE.CE.\sin\beta}{2}.$$

Auch verhält sich

$$\triangle BEC : \triangle CED = x : b,$$

Demnach ergiebt sich

$$BE.\sin\gamma : DE.\sin\beta = x : b.$$

Nun hat man zwei Proportionen

$$BE.\sin\alpha : DE.\sin(\alpha+\beta+\gamma) = a : (a+b+x)$$
$$BE.\sin\gamma : DE.\sin\beta = x : b$$

aus welchen man durch Division der correspondirenden Glieder erhält

$$\frac{\sin\alpha}{\sin\gamma} : \frac{\sin(\alpha+\beta+\gamma)}{\sin\beta} = \frac{a}{x} : \frac{a+b+x}{b}.$$

Es folgert hieraus die Gleichung

$$\frac{\sin\alpha(a+b+x)}{b.\sin\gamma} = \frac{a.\sin(\alpha+\beta+\gamma)}{x.\sin\beta}$$

und weiter

$$x \cdot \sin\alpha \cdot \sin\beta(a+b+x) = ab \cdot \sin\gamma \cdot \sin(\alpha+\beta+\gamma),$$

$$(a+b+x)x = \frac{ab \cdot \sin\gamma \cdot \sin(\alpha+\beta+\gamma)}{\sin\alpha \cdot \sin\beta}$$

oder

$$x^2 + (a+b)x = Q,$$

wenn man den Ausdruck rechts der Kürze wegen mit Q bezeichnet. Löst man diese für x vermischt quadratische Gleichung nach x auf, so ergiebt sich endlich

$$x = -\frac{a+b}{2}\left[1 \mp \sqrt{\left(\frac{4Q}{(a+b)^2}+1\right)}\right].$$

Nimmt man hier das unterste der in der Klammer stehenden Doppelzeichen, so erhält man für x einen negativen Werth, der für diese Aufgabe keinen Sinn hat; bei Annahme des obersten aber ergiebt sich

$$x = -\frac{a+b}{2}\left[1 - \sqrt{\left(\frac{4Q}{(a+b^2)}+1\right)}\right].$$

Obgleich x hierdurch völlig bestimmt ist, so dürfte doch der dafür gefundene Ausdruck der numerischen Berechnung manche Unbequemlichkeiten in den Weg legen; allein auch hier erleichtert ein Hülfswinkel φ die Sache ungemein. Der erste unter dem Wurzelzeichen stehende Posten $\frac{4Q}{(a+b)^2}$ ist durch Hülfe der Logarithmen leicht zu entwickeln; man nehme also einen Winkel φ dergestalt an, daß

$$\tang\varphi = \sqrt{\left(\frac{4Q}{(a+b)^2}\right)}$$

oder

$$\tang\varphi = \sqrt{\left(\frac{4ab \cdot \sin\gamma \cdot \sin(\alpha+\beta+\gamma)}{(a+b)^2 \cdot \sin\alpha \cdot \sin\beta}\right)}$$

ist, substituire diese Tangente in die obige Formel, und man erhält:

$$x = -\frac{a+b}{2}\left[1 - \sqrt{(1+\tang\varphi^2)}\right].$$

Es ist aber

$$1+\tang\varphi^2 = 1+\frac{\sin\varphi^2}{\cos\varphi^2} = \frac{\cos\varphi^2+\sin\varphi^2}{\cos\varphi^2} = \frac{1}{\cos\varphi^2},$$

also

$$x = -\frac{a+b}{2}\left[1-\frac{1}{\cos\varphi}\right] = -\frac{a+b}{2}\left[\frac{\cos\varphi-1}{\cos\varphi}\right]$$

$$= \frac{a+b}{2}\left[\frac{1-\cos\varphi}{\cos\varphi}\right].$$

Schon öfters haben wir gefunden, daß

$$1-\cos\varphi = 2(\sin\tfrac{1}{2}\varphi)^2$$

ist, und man hat demnach

$$x = \frac{a+b}{2}\left[\frac{2(\sin\frac{1}{2}\varphi)^2}{\cos\varphi}\right].$$

Um diesen für x jetzt gefundenen Werth noch mehr zu vereinfachen, wendet man einen jener analytischen Kunstgriffe an, die sich nicht lehren lassen, und nur durch eigenen Scharfsinn ersonnen werden können; man sagt nämlich

$$x = \frac{a+b}{2}\left[\frac{\sin\varphi\,.\,2(\sin\frac{1}{2}\varphi)^2}{\sin\varphi\,.\cos\varphi}\right]$$

und weiter

$$x = \frac{a+b}{2}\left[\frac{\sin\varphi}{\cos\varphi}\,.\,\frac{2(\sin\frac{1}{2}\varphi)^2}{\sin\varphi}\right],$$

$$x = \frac{a+b}{2}\left[\text{tang}\,\varphi\,.\,\frac{2\sin\frac{1}{2}\varphi\,.\,\sin\frac{1}{2}\varphi}{2\sin\frac{1}{2}\varphi\,.\cos\frac{1}{2}\varphi}\right],$$

$$x = \frac{a+b}{2}\left[\text{tang}\,\varphi\,.\,\frac{\sin\frac{1}{2}\varphi}{\cos\frac{1}{2}\varphi}\right],$$

endlich

$$x = \frac{a+b}{2}\left[\text{tang}\,\varphi\,.\,\text{tang}\,\tfrac{1}{2}\varphi\right].$$

Zahlenbeispiel. Hat man $a = 2731$, $b = 1987$, $\alpha = 19°\,7'$, $\beta = 14°\,57'$, $\gamma = 31°\,5'$, und also

$$\alpha+\beta+\gamma = 65°\,9',$$

so ergiebt sich

$$\text{tang}\,\varphi = \sqrt{\left(\frac{4\,.\,2731\,.\,1987\,.\sin 65°\,9'\,.\sin 31°\,5'}{(4718)^2\,.\sin 19°\,7'\,.\sin 14°\,57'}\right)}.$$

Wir wollen den unter dem Wurzelzeichen stehenden Ausdruck nun logarithmisch entwickeln: der Logarithmus des Zählers ist

$$= 0{,}6020600 + 3{,}4363217 + 3{,}2981979$$
$$+ 9{,}9578041 - 10 + 9{,}7128889$$
$$= 7{,}0072726,$$

der des Nenners ist

$$= 7{,}3475158 + 9{,}5152017 - 10 + 9{,}4115793 - 10$$
$$= 6{,}2742968,$$

also der Logarithmus der Wurzelgröße selbst

$$= \tfrac{1}{2}(7{,}0072726 - 6{,}2742968) = 0{,}3664879 = \log\operatorname{tang}\varphi.$$

Zu 0,3664879 gehört die Nummer 2,3253524, und hiernach ergiebt sich

$$\varphi = 66^\circ\, 43'\, 48'' \quad \text{und} \quad \tfrac{1}{2}\varphi = 33^\circ\, 21'\, 54'',$$

zu welchem letzteren Winkel die Tangente = 0,6585024.

Endlich findet man

$$x = 2359 . 2{,}3253524 . 0{,}6585024 = 3612{,}3367 \ldots .$$

§. 110. Aufgabe.

In einer belagerten Festung bemerkt man, daß der Feind an zwei Orten A und B, die er völlig aus der Schußweite glaubt, Depots anlegt; man will wissen, ob sich diese Punkte dennoch nicht mit Geschossen erreichen lassen, und wie weit sie von einander entfernt liegen.

Auflösung. Zu diesem Endzwecke werden von einem nahe am angegriffenen Bastion stehenden, 180′ hohen Thurme, die Senkungswinkel, die Elevationswinkel und der Winkel zwischen beiden Depots, gemessen. Man findet den Senkungswinkel des ersten Depots A, nämlich den $\angle ECA = 29'$; den Senkungswinkel des zweiten B, d. h. $\angle BCF = 38'$; ferner beide Elevationswinkel ADG und HDG bezüglich $= 1^\circ\, 30'$ und 1°; den Winkel ACB endlich zwischen beiden Depots $= 12^\circ\, 36'$. Jetzt hat man

$$\angle ACD = \tfrac{1}{2}\pi - ECA = 90^\circ - 29' = 89^\circ\, 31',$$
$$\angle ADC = \tfrac{1}{2}\pi - ADG = 90^\circ - 1^\circ\, 30' = 88^\circ\, 30',$$
$$\angle BCD = \tfrac{1}{2}\pi - BCF = 90^\circ - 38' = 89^\circ\, 22',$$
$$\angle BDC = \tfrac{1}{2}\pi - BDH = 90^\circ - 1^\circ = 89^\circ,$$

und kann nun die Dreiecke ACD, BCD, d. h. die Seiten AC und BC finden, da man in beiden die Seite $CD = 180'$ und alle Winkel kennt.

Im $\triangle ACD$ verhält sich

$$AC : CD = \sin 88^\circ 30' : \sin 1^\circ 59',$$

und man hat

$$\log AC = \log 180 + \log \sin 88^\circ 30' - \log \sin 1^\circ 59'$$
$$= 3{,}7159374,$$

woraus $AC = 5199{,}2$ sich ergiebt.

Im $\triangle BCD$ verhält sich $BC : CD = \sin 89^\circ : \sin 1^\circ 38'$, und es ist

$$\log BC = \log 180 + \log \sin 89^\circ - \log \sin 1^\circ 38'$$
$$= 3{,}8003129,$$

woraus $BC = 6314{,}1$ wird. Um nun endlich die Entfernung der Depots A und B von einander zu bestimmen, kennt man im Dreieck ABC zwei Seiten AC, BC und den von ihnen eingeschlossenen Winkel $ACB = 12^\circ 36'$, so wie die Summe der beiden anderen Winkel x und $y = 167^\circ 24'$.

Es verhält sich

$$(BC + AC) : (BC - AC) = \tan \tfrac{1}{2}(x + y) : \tan \tfrac{1}{2}(x - y)$$

oder

$$115133 : 11149 = \tan 83^\circ 42' : \tan \tfrac{1}{2}(x - y),$$

also

$$\log \tan \tfrac{1}{2}(x - y) = \log 11149 + \log \tan 83^\circ 42' - \log 115133$$
$$= 9{,}9430630,$$

wozu ein Winkel von $41^\circ 15' 17''$ gehört. Jetzt hat man

$$\angle x = 83^\circ 42' + 41^\circ 15' 17'' = 124^\circ 57' 17'',$$
$$\angle y = 83^\circ 42' - 41^\circ 15' 17'' = 42^\circ 26' 43''.$$

Endlich verhält sich

$$AB : AC = \sin 12^\circ 36' : \sin 42^\circ 26' 43''$$

und es ist

$$\log AB = \log 5199{,}2 + \log \sin 12^\circ 36' - \log \sin 42^\circ 26' 43''$$
$$= 3{,}2254481,$$

woraus $AB = 1680{,}5$ hervorgeht.

§. 111. Aufgabe.

Vom Punkte A aus, Fig. 44., sieht man in einer Ebene jenseit eines Flusses, über den man nicht kommen kann, einen Thurm in B; man soll die Entfernung des Thurmes vom Standpunkte A bestimmen.

Auflösung. Man messe von A aus seitwärts eine beliebige, aber gehörig große Entfernung AE, z. B. $=120'$, bestimme jetzt die Winkel, z. B. $BAE = 72° 9'$ und $AEB = 43° 21'$, so ergiebt sich $\angle ABE = 64° 30'$. Nun hat man die Proportion

$$AE : AB = \sin 64° 30' : \sin 43° 21',$$

also

$$\begin{aligned} \log AB &= \log 120 + \log \sin 43° 21' - \log \sin 64° 30' \\ &= 2{,}0791812 + 9{,}8366109 - 10 - 9{,}9554882 + 10 \\ &= 1{,}9603039, \end{aligned}$$

woraus $AB = 91{,}264\ldots$ sich ergiebt.

§. 112. Aufgabe.

Man sieht zwei Objecte A und B, Fig. 45., jenseit eines Flusses DE, über den man nicht kommen kann, von einem Punkte C aus; man soll die Entfernung dieser Objecte von einander bestimmen.

Auflösung. Man messe eine beliebig lange Linie CF seitwärts, und möglichst parallel mit AB; ebenso die Winkel ACF und AFC, woraus auch $\angle CAF$ bekannt wird. Aus diesen bekannten Stücken ist die Seite AF zu berechnen. Miss't man nun $\angle BCF$ und $\angle CFB$, woraus ebenfalls $\angle CBF$ hervorgeht, so ist auch die Seite BF zu finden. Miss't man jetzt $\angle AFB$, so kennt man im Dreieck ABF zwei Seiten und den eingeschlossenen Winkel, kann also die gesuchte Entfernung AB bestimmen.

Zahlenbeispiel. Wenn

$$CF = 180', \quad \angle ACF = 93° 22', \quad \angle AFC = 39° 15',$$

und also $\angle CAF = 47° 23'$ ist, so hat man

$$AF = \frac{180 . \sin 93^\circ 22'}{\sin 47^\circ 23'} = 244{,}1762.$$

Ist ferner

$$\angle BCF = 41^\circ 32', \quad \angle BFC = 87^\circ 9',$$

also

$$\angle CBF = 51^\circ 19',$$

so wird

$$BF = \frac{180 . \sin 41^\circ 32'}{\sin 51^\circ 19'} = 152{,}8928.$$

Jetzt resultirt $\angle AFB = 87^\circ 9' - 39^\circ 15' = 47^\circ 54'$, und hieraus folgt

$$AB = \sqrt{(AF^2 + BF^2 - 2\,AF . BF . \cos 47^\circ 54')} = 91{,}447.$$

§. 113. Zusatz.

Eine mir vor kurzem von dem Privatdocenten der hiesigen Universität, Herrn Doctor von Sommer mitgetheilte Auflösung der vorstehenden Aufgabe kann ich nicht umhin hier folgen zu lassen:

Bezeichnet man in Fig. 45. die Seiten AB mit x, und CF mit a; ferner:

$$\angle ACF \text{ mit } \alpha, \quad \angle BCF \text{ mit } \beta,$$
$$\angle CFB \text{ mit } \gamma, \quad \angle AFC \text{ mit } \delta,$$
$$\angle CAF \text{ mit } \psi, \quad \angle CBF \text{ mit } \varphi,$$

so ist

$$\sin\psi : \sin\alpha = a : AF; \quad \text{also} \quad AF = a . \sin\alpha . \operatorname{cosec}\psi,$$
$$\sin\varphi : \sin\beta = a : BF; \quad \text{also} \quad BF = a . \sin\beta . \operatorname{cosec}\varphi,$$

ferner

$$AB^2 = AF^2 + BF^2 - 2\,AF . BF . \cos(\gamma - \delta)$$

oder

$$x^2 = a^2 . \sin\alpha^2 . \operatorname{cosec}\psi^2 + a^2 . \sin\beta^2 . \operatorname{cosec}\varphi^2$$
$$- 2\,a^2 \sin\alpha . \sin\beta . \operatorname{cosec}\psi . \operatorname{cosec}\varphi . \cos(\gamma - \delta),$$

also

$$x = a . \sin\alpha . \sin\psi \sqrt{\left[1 + \left(\frac{\sin\beta . \sin\psi}{\sin\alpha . \sin\varphi}\right)^2 - 2\left(\frac{\sin\beta . \sin\psi}{\sin\alpha . \sin\varphi}\right)\cos(\gamma - \delta)\right]}.$$

Setzt man nun $\frac{\sin\beta \, . \, \sin\psi}{\sin\alpha \, . \, \sin\varphi} = \operatorname{tang}\mu$, so ist

$$x = a \, . \, \sin\alpha \, . \, \sin\psi \sqrt{\left[\frac{1}{\cos\mu^2} - 2\operatorname{tang}\mu \, . \, \cos(\gamma - \delta)\right]}$$

$$= \frac{a \, . \, \sin\alpha \, . \, \sin\psi}{\cos\mu} \sqrt{\left[\,1 \quad - \sin 2\mu \, . \, \cos(\gamma - \delta)\right]}.$$

Endlich sei

$$\sin 2\mu \, . \, \cos(\gamma - \delta) = \sin\varrho^2,$$

so wird

$$x = a \, . \, \sin\alpha \, . \, \sin\psi \, . \, \sec\mu \, . \, \cos\varrho$$

eine recht elegante Form des Resultates

§. 114. Aufgabe.

Die Höhe eines in einer Ebene stehenden Thurmes AB soll gemessen werden, erstens: wenn man bis zum Fuße desselben gelangen kann.

Auflösung. Man messe von einem beliebig, aber gehörig weit vom Thurme entfernten Punkte C, Fig. 46. a, die horizontale Entfernung AC, und den Elevationswinkel BCA $= \alpha$ und hat nun die gesuchte Höhe

$$AB = AC \, . \, \operatorname{tang}\alpha.$$

Zahlenbeispiel. Ist

$$AC = 224{,}7, \quad \alpha = 37^\circ\, 12',$$

so erhält man

$$AB = 224{,}7 \, . \, \operatorname{tang} 37^\circ\, 12' = 170{,}56.$$

Zweitens: wenn man nicht bis zum Fuße des Thurmes gelangen kann.

Auflösung. Man messe gerade auf den Thurm zu eine möglichst lange Horizontallinie CD Fig. 46. b, und dann die Elevationswinkel BCA $= \alpha$, BDA $= \beta$, woraus sich der Winkel CBD $= \beta - \alpha$ ergiebt. Jetzt kann man vom Dreieck CBD die Seite BD berechnen, und findet dann

$$AB = BD \, . \, \sin\beta.$$

Zahlenbeispiel. Wenn CD $= 187{,}9$, $\alpha = 39^\circ\, 18'$ und $\beta = 59^\circ\, 22'$, so folgert

$$AB = 299{,}4.$$

Drittens: Wenn es durchaus unmöglich ist, eine Linie gerade auf den Thurm zu zu messen.

Auflösung. Man messe seitwärts eine Standlinie CD, Fig. 46. c, von deren Endpuncten aus B und A zu sehen sind, messe dann die Horizontalwinkel ACD $= \gamma$, ADC $= \delta$ und den Elevationswinkel BCA $= \alpha$. Jetzt kann man aus dem $\triangle$ACD die Seite AC berechnen; sie ist

$$AC = \frac{CD \cdot \sin\delta}{\sin(\gamma + \delta)}$$

und aus dem rechtwinkligen Dreiecke ABC folgt endlich

$$AB = AC \cdot \tang\alpha.$$

Zahlenbeispiel. Wenn

$CD = 6733{,}5$, $\gamma = 79^\circ\,28'$, $\delta = 72^\circ\,24'$, $\alpha = 3^\circ\,48'\,40''$, so ergiebt sich

$$AB = 906{,}67.$$

§. 115. Aufgabe.

Wie groß ist ein Gegenstand, welchen das Auge in einer Entfernung von 1376 Ellen unter einem Gesichtswinkel von $58'\,20''$ erblickt?

Auflösung. In Fig. 47. ist AC die unbekannte Länge, und man hat in AD $= \frac{1}{2}$ AC die Tangente von $\frac{1}{2}$ ABC $= \alpha$, wenn BD $= 1$ gesetzt wird. Jetzt verhält sich

$$BD : AD = 1 : \tang\tfrac{1}{2}\alpha$$

oder

$$1376 : \tfrac{1}{2}AC = 1 : \tang 29'\,10'',$$

wonach

$$\tfrac{1}{2}AC = 1376 \cdot \tang 29'\,10''$$

und

$$AC = 2752 \cdot \tang 29'\,10'',$$

endlich

$$\begin{aligned} \log AC &= \log 2752 + \log\tang 29'\,10'' \\ &= 3{,}4396484 + 7{,}9286233 - 10 \\ &= 1{,}3682717 \end{aligned}$$

und

$AC = \text{num}\log 1{,}3682717 = 23{,}349 = 23$ Ellen 8,3 Zoll.

§. 116. Aufgabe.

Man hat eine dreiseitige Feldschanze gebaut, von welcher eine Seite 68°, die andere 54° lang ist, und welche einen Winkel von 62° 6′ einschließen; man will wissen, wie groß der Inhalt dieser Schanze ist.

Auflösung. Denkt man sich ein Dreieck ABC Fig. 11., und nimmt $AB = 54°$, $BC = 68°$ und $\angle\beta = 62° 6'$, fällt man dann die Senkrechte $AD = h$, so verhält sich

$$AB : h = 1 : \sin\beta$$

oder

$$54 : h = 1 : \sin 62° 6',$$

woraus

$$h = 54 . \sin 62° 6'$$

erfolgt.

Nun ist bekanntlich der Flächeninhalt eines Dreiecks

$$F = \frac{ah}{2},$$

oder hier

$$F = \frac{68 . 54 . \sin 62° 6'}{2}$$

und

$$\log F = \log 68 + \log 54 + \log\sin 62° 6' - \log 2$$
$$= 1{,}8325089 + 1{,}7323938 + 9{,}9463371 - 10 - 0{,}3010300$$
$$= 3{,}2102098,$$

woraus hervorgeht

$$F = 1622{,}58 \square°.$$

§. 117. Aufgabe.

Vier Punkte A, B, C, D Fig. 42. liegen in einer geraden Linie, und es ist die Entfernung eines jeden Punktes von den anderen bekannt; man soll von E aus, ohne den Punkt zu verlassen, und mit nichts als einem Winkelmesser versehen, die Entfernungen EA, EB, EC, ED finden.

Auflösung. Es sei

$$AB = a, \quad BC = b, \quad CD = c,$$

so finde man zuerst die Winkel

$$AEB = \alpha, \quad BEC = \beta,$$

und es bleiben noch unbekannt:

$$\angle BAE = \varphi, \quad \angle BCE = \psi, \quad \text{u. s. w.},$$

und die Seiten

$$AE = x, \quad BE = y, \quad CE = z, \quad DE = m, \quad \text{u. s. w.}$$

Im Dreieck ABE findet die Proportion statt:

$$AB : BE = \sin\alpha : \sin\varphi,$$

oder

$$a : y = \sin\alpha : \sin\varphi,$$

daher ist

$$\text{I.} \quad y = \frac{a . \sin\varphi}{\sin\alpha}.$$

Im Dreieck BCE verhält sich aber

$$BC : BE = \sin\beta : \sin\psi,$$

oder

$$b : y = \sin\beta : \sin\psi,$$

woraus folgt

$$\text{II.} \quad y = \frac{b . \sin\psi}{\sin\beta}.$$

Es ist aber ψ das Supplement von $\alpha + \beta + \varphi$, und daher ist

$$\sin\psi = \sin(\alpha + \beta + \varphi)$$

oder

$$\sin\psi = \sin(\sigma + \varphi),$$

wenn man die bekannte Summe $\alpha + \beta$ durch σ bezeichnet.

Substituirt man den eben für $\sin\psi$ gefundenen Werth in die Gleichung II. und setzt beide für y erhaltenen Ausdrücke einander gleich, so ergiebt sich

$$\text{III.} \quad \frac{a . \sin\varphi}{\sin\alpha} = \frac{b . \sin(\sigma + \varphi)}{\sin\beta}.$$

Schafft man nun aus dieser Gleichung die Brüche fort, indem man beide Seiten mit $\sin\alpha . \sin\beta$ multiplizirt, so folgert:

$$a . \sin\beta . \sin\varphi = b . \sin\alpha . \sin(\sigma + \varphi).$$

Nach §. 6. ist aber

$$\sin(\sigma + \varphi) = \sin\sigma . \cos\varphi + \cos\sigma . \sin\varphi,$$

und wird dieser Werth hineinsubstituirt, so ergiebt sich

$$a . \sin\beta . \sin\varphi = b . \sin\alpha . \sin\sigma . \cos\varphi + b . \sin\alpha . \cos\sigma . \sin\varphi.$$

Jetzt dividire man beide Seiten durch $\sin\varphi$, und es entsteht

$$a . \sin\beta = b . \sin\alpha . \sin\sigma . \frac{\cos\varphi}{\sin\varphi} + b . \sin\alpha . \cos\sigma$$

oder

$$a . \sin\beta = b . \sin\alpha . \sin\sigma . \cot\varphi + b . \sin\alpha . \cos\sigma .$$

In dieser Gleichung ist nur allein $\cot\varphi$ unbekannt, und wird sie demnach für diese Unbekannte aufgelös't, so erhält man:

$$\cot\varphi = \frac{a . \sin\beta - b . \sin\alpha . \cos\sigma}{b . \sin\alpha . \sin\sigma},$$

oder, wenn man beim zweiten Posten des Zählers die Division ausführt

$$\text{IV.} \quad \cot\varphi = \frac{a . \sin\beta}{b . \sin\alpha . \sin\sigma} - \cot\sigma .$$

Dieselbe Form, nur mit dem Unterschiede, daß hier die Cotangente σ negativ hinzuzufügen ist, fand sich für das Resultat schon einmal bei der Pothenot'schen Aufgabe §. 107., und ist daher, wenn für die betreffenden Größen numerische Werthe gegeben sind, ebenso wie dort zu behandeln.

Ist φ bekannt geworden, so ist aus dem Dreiecke ABE die Seite y, und aus dem Dreiecke ACE (da überdem auch ψ nun bekannt ist) die Seite z zu berechnen.

Aus ψ ergiebt sich ferner sein Supplement $\angle$DCE, und aus den beiden Seiten c und z des Dreiecks CDE, nebst dem eingeschlossenen Winkel, läßt sich DE = m finden.

Zahlenbeispiel. Wenn

$$a = 100, \quad b = 150, \quad c = 200, \quad \alpha = 25^\circ 10', \quad \beta = 30^\circ 20',$$

und demnach $(\alpha + \beta) = \sigma = 55^\circ 30'$ ist, so wird

$$\cot\varphi = \frac{100 . \sin 30^\circ 20'}{150 . \sin 25^\circ 10' . \sin 55^\circ 30'} - \cot 55^\circ 30'$$

$$= \frac{100 . 0{,}5050298}{150 . 0{,}4252528 . 0{,}8241262} - 0{,}6872810$$

$$= \frac{50{,}50298}{52{,}56930} - 0{,}6872810 = 0{,}9606934 - 0{,}6872810$$

$$= 0{,}2734124,$$

wozu ein Winkel von $74^\circ 42' 30'' = \varphi$ gehört.

Beabsichtigt man den Posten links im Ausdrucke für $\cot\varphi$ logarithmisch zu behandeln, so ist sein Logarithmus

$$= \log 100 + \log \sin 30^\circ 20' - \log 150 - \log \sin 25^\circ 10' - \log \sin 55^\circ 30'$$
$$= 2 + 9{,}7033170 - 10 - 2{,}1760913 - 9{,}6286472 + 10 - 9{,}9159937 + 10$$
$$= -0{,}0174152.$$

Da sich der Logarithmus negativ ergiebt, so ist die zugehörige Nummer ein echter Decimalbruch, weswegen man ihm die gemischte Form

$$0{,}9825848 - 1$$

zu geben hat, und nun findet

$$\operatorname{num}\log(0{,}9825848 - 1) = \frac{\operatorname{num}\log 0{,}9825848}{\operatorname{num}\log 1}$$
$$= 0{,}9606924,$$

welches, wenn man $\cot 55^\circ 30'$ subtrahirt, dasselbe Resultat wie vorhin giebt.

Nun ist

$$y = \frac{100 . \sin 74^\circ 42' 30''}{\sin 25^\circ 10'},$$
$$\log y = \log 100 + \log \sin 74^\circ 42' 30'' - \log \sin 25^\circ 10'$$
$$= 2 + 9{,}9843454 - 10 - 9{,}6286472 + 10$$
$$= 2{,}3556982$$

und $y =$ dem Numerus davon, d. h. $= 226{,}83$.

Im Dreiecke ABE kennt man nun $AB = a = 100$, $BE = y = 226{,}83$, $\alpha = 25^\circ 10'$, $\varphi = 74^\circ 42' 30''$ und also auch $\angle ABE = 80^\circ 7' 30''$.

Da sich verhält

$$a : x = \sin \alpha : \sin ABE,$$

so wird

$$x = \frac{a . \sin ABE}{\sin \alpha} = \frac{100 . \sin 80^\circ 7' 30''}{\sin 25^\circ 10'}$$
$$= \frac{98{,}51842}{0{,}4252528} = 231{,}6.$$

Im Dreieck BCE verhält sich:

$$b : z = \sin \beta : \sin CBE$$

oder

$$150 : z = \sin 30^\circ 20' : \sin 99^\circ 52' 30'',$$

woraus

$$z = \frac{150 . \sin 99^\circ 52' 30''}{\sin 30^\circ 20'} = \frac{147{,}77763}{0{,}5050298} = 292{,}6.$$

§. 118. Uebungsaufgaben der Berechnung fehlender Stücke eines Dreiecks durch genaue Interpolation.

Gegeben.	Gesucht.
1) $a = 41758,000$	1) $\alpha = 63^\circ 50' 34,54''$
$b = 45074,783$	$\beta = 75^\circ 40' 9,568''$
$c = 30206,314$	$\gamma = 40^\circ 29' 15,892''$
2) $a = 42974,000$	2) $\alpha = 52^\circ 50' 52,588''$
$b = 52983,312$	$\beta = 79^\circ 19' 11,864''$
$c = 39962,465$	$\gamma = 47^\circ 49' 55,548''$
3) $a = 18038,817$	3) $b = 8502.730$
$\beta = 27^\circ 36' 1,651''$	$c = 14420,870$
$\gamma = 51^\circ 47' 32,119''$	$\alpha = 100^\circ 36' 26,230''$
4) $b = 15844,802$	4) $a = 32212,121$
$\alpha = 103^\circ 20' 34,259''$	$c = 24626,406$
$\beta = 28^\circ 35' 41,316''$	$\gamma = 48^\circ 3' 44,435''$
5) $c = 31497,365$	5) $a = 35096,000$
$\alpha = 59^\circ 11' 16,970''$	$b = 38493,010$
$\beta = 70^\circ 23' 13,951''$	$\gamma = 50^\circ 25' 29,079''$
6) $a = 27407,760$	6) $c = 19311,231$
$b = 35570,650$	$\alpha = 49^\circ 47' 8,299''$
$\gamma = 32^\circ 33' 3,346''$	$\beta = 97^\circ 39' 48,355''$
7) $a = 19311,213$	7) $c = 19983,404$
$b = 25731,704$	$\alpha = 47^\circ 58' 14,385''$
$\gamma = 50^\circ 14' 0,947''$	$\beta = 81^\circ 47' 44,668''$
8) $a = 19983,404$	8) $b = 11238,404$
$c = 16000,405$	$\beta = 34^\circ 10' 39,087''$
$\alpha = 92^\circ 42' 45,275''$	$\gamma = 53^\circ 6' 35,638''$

Es bedarf wohl keiner Erwähnung, daß, wenn der Schüler nur kleine Logarithmen-Tafeln der trig. Functionen besitzt, sich diese Resultate nur annähernd bei ihm finden werden.

Anhang.

Von der Auflösung der quadratischen Gleichungen durch Hülfe der Trigonometrie.

§. 119. Bemerkung.

Obgleich die Anwendung der Trigonometrie auf die Lösung der Gleichungen nicht beim Officierexamen in der Preußischen Armee verlangt wird, und demnach hier auch ohne Nachtheil für den Schüler übergangen werden kann, so dürfte doch vielleicht einer oder der andere von ihnen durch eigenen Trieb angeregt, in seinen Stunden der Muße diese Paragraphen durchgehen, die ihm in wenig Worten zeigen sollen, wie die ihm lieb gewordene Trigonometrie auch dienen kann, durch Einführung von Hülfswinkeln algebraische Aufgaben zu lösen. Wir begnügen uns vor der Hand mit vermischt quadratischen Gleichungen, und deuten nur an, daß der eigentlich wesentliche Nutzen des Gebrauchs der trigonometrischen Functionen für die Algebra vorzugsweise bei Anwendung derselben auf Gleichungen eines noch höheren Grades hervortritt, und namentlich bei cubischen Gleichungen die Wurzeln zu finden lehrt, wenn der sogenannte unzurückführbare Fall (casus irreducibilis) der Cardanischen Formel erscheint.

§. 120. Zusatz.

Jede vermischte quadratische Gleichung läßt sich allgemein auf die Form

$$x^2 + px + Q = 0$$

bringen, die man wieder nach der Positivität oder Negativität von p und Q besonders, als

$$x^2 + px + Q = 0,$$
$$x^2 - px + Q = 0,$$
$$x^2 + px - Q = 0,$$
$$x^2 - px - Q = 0$$

darstellen kann. Diese vier Formen sind indessen auf zwei zurückzuführen, wenn es auf den numerischen Werth der Wurzeln ankommt, da die erste Gleichung in dieser Beziehung mit der zweiten, die dritte aber mit der vierten in völlig gleichen numerischen Wurzelwerthen übereinkommt, bei denen aber die Vorzeichnungen entgegengesetzt sind.

§. 121. Auflösung der Gleichungen von der Form $x^2 + px + Q = 0$.

Löst man auf die bekannte Art diese Gleichung auf, so erhält man

$$x = -\tfrac{1}{2}p \pm \sqrt{\left(-Q + \frac{p^2}{4}\right)},$$

welches Resultat sich aber folgendergestalt umwandeln läßt:

$$x = -\tfrac{1}{2}p \pm \tfrac{1}{2}\sqrt{(-4Q + p^2)}$$
$$= -\tfrac{1}{2}p \pm \tfrac{1}{2}\sqrt{\left[p^2\left(-\frac{4Q}{p^2} + 1\right)\right]}$$
$$= -\tfrac{1}{2}p \pm \tfrac{1}{2}p\sqrt{\left(-\frac{4Q}{p^2} + 1\right)}$$
$$= -\tfrac{1}{2}p\left[1 \mp \sqrt{\left(1 - \frac{4Q}{p^2}\right)}\right].$$

Hat nun diese Gleichung reelle Wurzeln, so muß natürlich $\frac{4Q}{p^2}$ ein echter Bruch sein und kann $= \sin\varphi^2$ gesetzt werden. Aus der Gleichung

$$\frac{4Q}{p^2} = \sin\varphi^2.$$

erhält man aber

$$\tfrac{1}{2}p = \frac{\sqrt{Q}}{\sin\varphi},$$

und das Resultat der gegebenen quadratischen Gleichung geht nun in die Form

$$x = -\frac{\sqrt{Q}}{\sin\varphi}(1 \mp \cos\varphi)$$

über, da $\sqrt{(1-\sin\varphi^2)} = \cos\varphi$ ist.

Bringt man $\sin\varphi$ als Divisor in die Parenthese, so würden beide Wurzeln

$$x = -\left(\frac{1-\cos\varphi}{\sin\varphi}\right)\sqrt{Q} = -\tang\tfrac{1}{2}\varphi\sqrt{Q},$$

$$x = -\left(\frac{1+\cos\varphi}{\sin\varphi}\right)\sqrt{Q} = -\cot\tfrac{1}{2}\varphi\sqrt{Q}.$$

Wir wollen jetzt die Identität der Ausdrücke

$$\frac{1-\cos\varphi}{\sin\varphi} \quad \text{und} \quad \frac{1+\cos\varphi}{\sin\varphi}$$

bezüglich mit $\tang\frac{1}{2}\varphi$ und $\cot\frac{1}{2}\varphi$ zeigen. Es ergab sich

$$\cos 2\alpha = \cos\alpha^2 - \sin\alpha^2 = 2.\cos\alpha^2 - 1,$$

und nun erhält man leicht

$$\cos 2\alpha = \frac{2}{\sec\alpha^2} - 1,$$

und ferner, da (nach §. 41. *E.* x) $\sec\alpha^2 = 1 + \tang\alpha^2$ ist, wird

$$\cos 2\alpha = \frac{2}{1+\tang\alpha^2} - 1 = \frac{1-\tang\alpha^2}{1+\tang\alpha^2}.$$

Wir fanden alsdann

$$\sin 2\alpha = 2\sin\alpha.\cos\alpha,$$

und erhalten hieraus

$$\sin 2\alpha = \frac{2\sin\alpha}{\cos\alpha}.\cos\alpha^2 = 2\tang\alpha.\frac{1}{\sec\alpha^2} = \frac{2\tang\alpha}{1+\tang\alpha^2}$$

Nach Analogie wird auch nun, wenn man $2\alpha = \varphi$ setzt,

$$\cos\varphi = \frac{1-\tang\frac{1}{2}\varphi^2}{1+\tang\frac{1}{2}\varphi^2} \quad \text{und} \quad \sin\varphi = \frac{2\tang\frac{1}{2}\varphi}{1+\tang\frac{1}{2}\varphi^2}$$

sein. Hieraus ergiebt sich

$$1-\cos\varphi = 1+\tang\tfrac{1}{2}\varphi^2 - 1 + \tang\tfrac{1}{2}\varphi^2 = 2\tang\tfrac{1}{2}\varphi^2$$

und

$$\frac{1-\cos\varphi}{\sin\varphi} = \tang\tfrac{1}{2}\varphi,$$

ferner

$$1+\cos\varphi = \frac{2}{1+\tang\frac{1}{2}\varphi^2}$$

und

$$\frac{1+\cos\varphi}{\sin\varphi} = \cot\tfrac{1}{2}\varphi,$$

welches wir dem Schüler überlassen, näher zu untersuchen.

Die zweite Gleichung giebt ihre Wurzeln in derselben Form, aber beide positiv, d. h. man erhält aus ihr

$$x = \cot\tfrac{1}{2}\varphi\sqrt{Q} \quad \text{und} \quad x = \tang\tfrac{1}{2}\varphi\sqrt{Q}.$$

§. 122. Auflösung der Gleichungen von der Form $x^2+px-Q=0$.

Nach der gewöhnlichen, aus der Algebra bekannten Auflösungsmethode erhält man die Wurzeln dieser Gleichungen in der Form

$$x = -\tfrac{1}{2}p \pm \sqrt{(Q+\tfrac{1}{4}p^2)},$$

welche Form sich umwandeln läßt, in:

$$x = -\tfrac{1}{2}p \pm \tfrac{1}{2}p\sqrt{\left(1+\frac{4Q}{p^2}\right)}$$

oder in

$$x = -\tfrac{1}{2}p\left[1 \mp \sqrt{\left(1+\frac{4Q}{p^2}\right)}\right],$$

da nun $\frac{4Q}{p^2}$ jede reelle Zahl vorstellen kann, so setze man

$$\frac{4Q}{p^2} = \tang\varphi^2,$$

woraus sich

$$p = \frac{2\sqrt{Q}}{\tang\varphi} \quad \text{und} \quad \tfrac{1}{2}p = \frac{\sqrt{Q}}{\tang\varphi} = \frac{\cos\varphi}{\sin\varphi}.\sqrt{Q}$$

ergeben. Nun ist aber (nach §. 41. *E.* x)

$$\sqrt{(1+\tang\varphi^2)} = \sec\varphi,$$

man erhält also die Wurzel der Gleichung als

$$x = -\frac{\cos\varphi}{\sin\varphi}(1 \mp \sec\varphi)\sqrt{Q}$$

oder als

$$x = -\frac{\cos\varphi}{\sin\varphi}\left(1 \mp \frac{1}{\cos\varphi}\right)\sqrt{Q},$$

oder endlich als

$$x = \left(\frac{\pm 1 - \cos\varphi}{\sin\varphi}\right)\sqrt{Q}.$$

Beide Wurzeln ergeben sich also einzeln in den Formen

$$x = \left(\frac{1 - \cos\varphi}{\sin\varphi}\right)\sqrt{Q} = \operatorname{tang}\tfrac{1}{2}\varphi\sqrt{Q}$$

und

$$x = -\left(\frac{1 + \cos\varphi}{\sin\varphi}\right)\sqrt{Q} = -\cot\tfrac{1}{2}\varphi\sqrt{Q}.$$

Die vierte Gleichung giebt, nach derselben Behandlung, ihre Wurzeln

$$x = -\operatorname{tang}\tfrac{1}{2}\varphi\sqrt{Q} \quad \text{und} \quad x = \cot\tfrac{1}{2}\varphi\sqrt{Q}.$$

§. 123. Zusatz.

Sind die beiden Wurzeln einer quadratischen Gleichung allgemein durch a und b ausgedrückt, so weiß man, daß

$$(x - a)(x - b) = x^2 + px + Q = 0$$

sein muß. Machen wir also einen Versuch etwa mit den bei der Gleichung

$$x^2 + px - Q = 0$$

erhaltenen Wurzeln, so müßte auch

$$(x - \operatorname{tang}\tfrac{1}{2}\varphi\sqrt{Q})(x + \cot\tfrac{1}{2}\varphi\sqrt{Q}) = x^2 + px - Q = 0$$

sein. Bei Ausführung dieser Multiplikation erhält man das Produkt

$$x^2 + (\cot\tfrac{1}{2}\varphi - \operatorname{tang}\tfrac{1}{2}\varphi)x\sqrt{Q} - Q.$$

Die in der Parenthese stehende Differenz

$$\cot\tfrac{1}{2}\varphi - \operatorname{tang}\tfrac{1}{2}\varphi$$

ist aber $= 2\cot\varphi$, und zwar aus folgenden Gründen:

Man hat (§. 24.)

$$\cot 2\alpha = \frac{\cot\alpha^2 - 1}{2\cot\alpha},$$

also
$$2\cot 2\alpha = \cot\alpha - \frac{1}{\cot\alpha} = \cot\alpha - \tang\alpha$$
oder unsere oben ausgesprochene Behauptung, wenn $2\alpha = \varphi$ und demnach $\alpha = \frac{1}{2}\varphi$ ist. Das fragliche Produkt wird also
$$x^2 + 2\cot\varphi . x . \sqrt{Q} - Q,$$
und da $\tang\varphi = \frac{2\sqrt{Q}}{p}$, so ist $\cot\varphi$ als reciproker Werth $= \frac{p}{2\sqrt{Q}}$, und man erhält in der That
$$(x - \tang\tfrac{1}{2}\varphi\sqrt{Q})(x + \cot\tfrac{1}{2}\varphi\sqrt{Q})$$
$$= x^2 + 2 . \frac{p}{2\sqrt{Q}} . x . \sqrt{Q} - Q = x^2 + px - Q.$$

Zahlenbeispiele. Gegeben die Gleichung
$$x^2 + 15x + 50 = 0.$$
Hier ist $p = 15$, $Q = 50$, und mithin
$$\sin\varphi = \frac{2\sqrt{Q}}{p} = \frac{2\sqrt{50}}{15} = \frac{2 . 7{,}0710678}{15} = 0{,}9428090,$$
wozu ein Winkel von 70° 31′ 4″ gehört.

Nun war
$$x = -\tang\tfrac{1}{2}\varphi\sqrt{Q} = -\tang 35° 15' 32'' \times 7{,}0710678$$
$$= -0{,}7069628 \times 7{,}0710678$$
$$= -4{,}998982 \ldots.$$
und
$$x = -\cot\tfrac{1}{2}\varphi\sqrt{Q} = -1{,}4145037 \times 7{,}0710678$$
$$= -10{,}0020516 \ldots.$$
Gegeben die Gleichung
$$x^2 - \tfrac{4}{3}x + \tfrac{3}{27} = 0.$$
Hier ist
$$p = \tfrac{4}{3},\ Q = \tfrac{3}{27},\ \text{und}\ \sin\varphi = \frac{\frac{2}{3}\sqrt{3}}{\frac{4}{3}} = \tfrac{1}{2}\sqrt{3} = 0{,}8660254,$$
wozu ein Winkel von 60° gehört.

Wir haben nun
$$x = \cot 30°\sqrt{\tfrac{3}{27}} = \sqrt{3} . \tfrac{1}{3}\sqrt{3} = \tfrac{3}{3}$$
und
$$x = \tang 30°\sqrt{\tfrac{3}{27}} = \tfrac{1}{3}\sqrt{3} . \tfrac{1}{3}\sqrt{3} = \tfrac{3}{9} = \tfrac{1}{3},$$
da $\cot 30° = \sqrt{3}$ und $\tang 30° = \frac{1}{3}\sqrt{3}$ ist.

Gegeben die Gleichung

$$x^2 + 3x - 88 = 0.$$

Hier hat man

$$\operatorname{tang} \varphi = \frac{2\sqrt{88}}{3} = 6{,}2538876\ldots.$$

woraus sich ergiebt

$$\varphi = 80^\circ\, 54'\, 55'' \quad \text{und} \quad \tfrac{1}{2}\varphi = 40^\circ\, 27'\, 27{,}5''.$$

Nun ist

$$x = -\operatorname{tang} \tfrac{1}{2}\varphi \sqrt{Q} = -0{,}8528028 \times 9{,}3808315$$
$$= -7{,}9999994\ldots.$$

und

$$x = \cot \tfrac{1}{2}\varphi \sqrt{Q} = 1{,}1726042 \times 9{,}3808315$$
$$= 11{,}0000024\ldots.$$

Wir haben uns bei Auflösung dieser wenigen Beispiele absichtlich nicht der logarithmischen Hülfe bedient, einestheils um den Schüler in der Behandlung der natürlichen trigonometrischen Tafeln zu üben, anderntheils aber, weil vermöge dieser Tafeln stets genauere Resultate sich ergeben, als bei der Anwendung der logarithmirten Functionen. Daß man sich aber hierbei der Logarithmen bedienen kann, bedarf wohl keiner Frage, und möge durch folgendes Beispiel gezeigt sein.

$$x^2 + 23{,}6\,x - 381{,}5 = 0.$$

Es ist diese Gleichung eine von der Form

$$x^2 + px - Q = 0,$$

deren Wurzeln sich ergaben als

$$x = \operatorname{tang} \tfrac{1}{2}\varphi \sqrt{Q} \quad \text{und} \quad x = -\cot \tfrac{1}{2}\varphi \sqrt{Q}.$$

Nun ist

$$\operatorname{tang} \varphi = \frac{2\sqrt{Q}}{p} = \frac{2\sqrt{381{,}5}}{23{,}6}$$

und

$$\log \operatorname{tang} \varphi = \log \sqrt{381{,}5} + \log 2 - \log 23{,}6.$$

Man erhält

$$\begin{aligned} \log \sqrt{381{,}5} &= 1{,}2907472 \\ \log 2 &= 0{,}3010300 \\ \hline &\ 1{,}5917772 \end{aligned}$$

subtrahirt

$$\frac{\log 23{,}6 = 1{,}3729120}{\log \tang \varphi = 0{,}2188652.}$$

Paſſ't man dieſen Logarithmus den Tafeln an, ſo wird er

$$= 0{,}2188652 + 10 = 10{,}2188652$$

wozu ein Winkel von 58° 51′ 44″ gehört, und wonach alſo

$$\tfrac{1}{2}\varphi = 29^\circ\, 25'\, 52'' \text{ iſt.}$$

Jetzt bekommt man

$$\begin{aligned}\log x &= \log \tang 29^\circ\, 25'\, 52'' + \log \sqrt{381{,}5}\\ &= 9{,}7514228 - 10 + 1{,}2907472\\ &= 1{,}0421700\end{aligned}$$

und

$$x = \text{num}\log\ 1{,}0421700 = 11{,}0197.$$

Ferner ergiebt ſich

$$\begin{aligned}\log x &= \log \cot 29^\circ\, 25'\, 52'' + \log \sqrt{381{,}5}\\ &= 10{,}2485771 - 10 + 1{,}2907472\\ &= 1{,}5393243\end{aligned}$$

und da x negativ iſt, ſo wird

$$x = -\text{num}\log 1{,}5393243 = -34{,}6198$$

Dies möge hier genügen, dem Schüler die Anwendung der Trigonometrie auf Algebra zu zeigen. Ob praktiſch die Wurzeln einer quadratiſchen Gleichung nicht leichter auf die gewöhnliche Weiſe gefunden werden, iſt eine Sache für ſich; doch könnte in der That, wenn p und Q ſehr große Zahlen ſind, die eben gezeigte Löſung raſcher zum Ziele führen, beſonders wenn der Rechnende einige Gewandtheit in dem Gebrauch der Tafeln beſitzt.

Verbeſſerungen.

Seite 22 Zeile 2 von oben lies 270° ſtatt 180°
— 23 — 7 v. o. lies AD ſtatt CD
— 118 — 15 v. o. ſetze vor 125,001 das Zeichen =

FSC
www.fsc.org
MIX
Papier | Fördert
gute Waldnutzung
FSC® C083411

Zeitfracht Medien GmbH
Ferdinand-Jühlke-Straße 7
99095 Erfurt, Deutschland
produktsicherheit@kolibri360.de